*ich*致富 *162*

不推銷反而大賣

Stop Acting Like a Seller and Start Thinking Like a Buyer:
Improve Sales Effectiveness by Helping Customers Buy

傑瑞・艾科夫（Jerry Acuff）
沃利・伍德（Wally Wood）◎著

藍毓仁◎譯

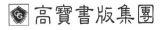

高寶書版集團

致富館 162

不推銷反而大賣

Stop Acting Like a Seller and Start Thinking Like a Buyer: Improve Sales Effectiveness by Helping Customers Buy

作　　者：傑瑞‧艾科夫（Jerry Acuff）、沃利‧伍德（Wally Wood）
譯　　者：藍毓仁
總 編 輯：林秀禎
編　　輯：陳怡君、吳怡銘
出 版 者：英屬維京群島商高寶國際有限公司台灣分公司
　　　　　Global Group Holdings, Ltd.
地　　址：台北市內湖區洲子街88號3樓
網　　址：gobooks.com.tw
電　　話：(02) 27992788
E-mail：readers@gobooks.com.tw（讀者服務部）
　　　　　pr@gobooks.com.tw（公關諮詢部）
電　　傳：出版部（02）27990909　　行銷部（02）27993088
郵政劃撥：19394552
戶　　名：英屬維京群島商高寶國際有限公司台灣分公司
發　　行：希代多媒體書版股份有限公司/Printed in Taiwan
初版日期：2008 年 6 月

國家圖書館出版品預行編目資料

不推銷反而大賣 / 傑瑞‧艾科夫（Jerry Acuff）、沃利‧伍德
　　（Wally Wood）著；藍毓仁譯. -- 初版. -- 臺北市 ： 高寶
　　國際出版：希代多媒體發行，2008. 6
　　　面 ；　　公分. --（致富館；RI 162）
　　譯自：Stop Acting Like a Seller and Start Thinking
Like a Buyer: Improve Sales Effectiveness by Helping
Customers Buy
　　ISBN 978-986-185-186-0(平裝)

1. 銷售　2. 顧客關係管理

496. 5　　　　　　　　　　　　　　　　　　　97008460

contents

contents

Part 1

從正確的心態開始出發

1

我們應該協助顧客購買

　　美國經濟大約具有十兆美元的價值，主要原因之一是大家喜歡買東西。喜歡歸喜歡，但是沒有消費者喜歡「被推銷」。銷售大師傑弗瑞・吉特莫（Jeffrey Gitomer）在《銷售之神的12 真理》（Little Red Book of Selling）一書裡一語道破：「人們熱愛購物，卻討厭別人向自己推銷。」你買了車子、電視、電腦，但你不會到處告訴親朋好友說：「你看業務員賣了什麼東西給我！」你會說：「你看我買了什麼。」人們就是喜歡買東西。我們喜歡去逛購物商場，我們喜歡買車、買房子、買電視。買到想要東西時的那種美妙滋味，真是筆墨難以形容。

　　然而，儘管大多數人體內都有血拼的因子，但與業務員交手的經驗通常不是那麼愉快。太多業務員都只會擺出賣方的姿態，沒有顧及買方的心態。顧客想要買

這個，業務員心裡想的卻是要賣那個。顧客心裡有想要買的車，業務員卻拼命推公司本月主打的車。顧客想要買普通的28吋彩色電視，但業務員想要賣45吋的平面電視，因為抽成比較多。這種態度並不是在協助顧客購物，也不是以顧客為焦點，難怪我們大部分的人都討厭被推銷。

雖然有的業務員可能對成功的銷售有些概念，但大多數的表現都不出色，因為他們的銷售方式無法創造正面的購物經驗。除非你在銷售的過程中心態正確，與顧客建立良好的關係，否則你很可能永遠都達不到銷售長紅，而這正是本書要探討的——如何做到銷售長紅。

銷售長紅的方程式很簡單：抱持正確的心態＋善用證實過的銷售過程＋立志建立良好的業務關係＝銷售長紅。

無論是企業對企業或業務員對顧客的銷售，業務員都令人留下負面的印象。調查資料顯示，業界主管常常深感挫敗，因為他們的業務人員無法達成有效的溝通，這些業務人員對於客戶公司及生意的了解都不夠，因此顯得咄咄逼人，而且對於那些做不到的事情又過度保證。無怪大多數的企業人士，包括業務人員，都對銷售持有負面的看法，事實勝於雄辯。

我們來看看薇樂莉‧蘇可羅斯基（Valerie

Sokolosky）最近的經驗。薇樂莉是薇樂莉公司
（Valerie & Company）的董事長，公司位於德州達拉
斯，服務項目為協助客戶培養領導力。薇樂莉跟丈夫前
往新墨西哥州聖塔菲渡假；他們八年前曾經向一位畫家
買過兩幅畫，後來這位畫家在聖塔菲開了畫廊。夫妻倆
行程的第一站就是去參觀畫廊，負責接待的是一名年輕
的女性業務員。「我們告訴她曾經買過那位畫家兩幅很
棒的作品，想要過來打聲招呼，同時也欣賞一下他的新
作品。在畫廊裡參觀了一小時左右，那名業務員只是一
直跟我們推銷。『這幅怎麼樣？那幅呢？』她從頭到尾
都沒有問：『你們想要掛在哪裡？室內設計是屬於什麼
樣的風格？』她不斷推銷畫家的新作品：『這幅畫很棒
吧？掛在你們家一定漂亮極了。』她根本不知道我們
家是什麼風格。準備離開時，她遞上畫廊的名片，上面
有她的E-mail，她還是不忘推銷：『麻煩寄你們家的照
片給我看，好幫你們挑適合的畫。』」她沒有聽顧客說
話，沒有站在買方的立場去想，完全只是擺出賣方的姿
態。

像這樣的情景多到可以寫成一本書，因為大家都
有類似的經驗。如果我們來玩個文字聯想的遊戲，會跟
「銷售」或「業務員」聯想在一起的話，十之八九會包
括了「令人討厭」、「虛情假意」、「皮笑肉不笑」、

「說得天花亂墜」、「像蒼蠅一樣窮追不捨」……。想到業務員，我們大概都會想到電話騷擾、強硬推銷保險或汽車的那些人。因為有這麼多不愉快的經驗，所以我們大多數人都相信業務員是自私自利的，為了賣東西不擇手段。你現在會看這本書，表示你不是這樣做業務的……如果你採納這本書的建議去進行銷售，買方大概就不會將你貼上負面的標籤。

由於大部分的人都討厭被推銷（原因很明顯），所以聰明的業務主管已經想出因應方法。他們發展出各種技巧瓦解顧客的心防，拿出判斷力來達成他們所認為相信，或希望對顧客最好的交易。「買我的產品，對你只有好處，沒有壞處，相信我。」

重點是買，不是賣

關於如何化解顧客的反感，順利銷售你的產品或服務，市面上已經有許多人提出建言，本書就不再錦上添花。我給的範例不是銷售，而是購買。我的目標是幫助業務代表及經理人完整認識一套更有效的銷售過程。

過去在討論買賣時，大都較注重「賣」這個部分，大部分的銷售模式，例如整合銷售、SPIN（Situation/Problem/Implication/Need-payoff）銷售、策

略銷售等，都是著重在如何賣東西給顧客，如何左右顧客、說服顧客，使他們對你公司的產品或服務死心塌地；至於銷售的心態及完整過程，相形之下反而不是重點。

　　大多數傳統的銷售過程都是教你如何賣東西，但其實光靠過程並不足以建立你的可信度，因此無法讓潛在的顧客相信你能為他們帶來價值。如果我們的目標是衝高業績，那麼必須提高自身的可信度，讓買方更重視我們，如此一來，當我們表達看法時，顧客會認真聽。這當中只有一個做法：保持正確的心態，採用有效的過程，建立良好的顧客關係（圖1.1）。

圖1.1　激發購買的三要素

心態

銷售過程

關係

　　本書主要是告訴我們，如何讓顧客買得更輕鬆。重點不是你對他們做什麼，而是他們想為自己做什麼（即使他們可能在買賣最初時還不知道）。如何讓他們同意為自己買點東西呢？唯一的辦法是讓他們相信你賣的東西適合他們、符合他們最大的利益。

在完美的世界裡，銷售員最重要的角色在於，引導顧客打開心門，而不是關上它。但傳統的銷售技巧通常教銷售人員如何破門而入，這工作不但困難，也令人感到氣餒。當你在跟顧客打交道時，逐步打開他們的心門，不屈不撓，讓他們換個心態聽你發言，如此一來自然就能提高成功率。

銷售的定義是什麼？

要從買方的角度思考，首先必須從個人及組織兩方面好好定義銷售。如果找同一家公司問一百名業務：「銷售是什麼？」很可能會得到一百個不同的答案：「銷售是解決問題」、「銷售是滿足人們的需求」，或比較接近學術界的說法「銷售涉及使用具有說服力的溝通方式去達成互惠的協議」。

這樣的不一致本身就是個問題，因為想法會牽動我們的行為。當一個組織裡對於銷售的定義不一致時，旗下的業務人員會按照自己的定義來做，這對業務人員不好，對組織當然也不好。

更糟的是，業務人員有時覺得自己領公司薪水就必須為公司做點事，即使這麼做必須違背自己的良心。他們相信，為了賣東西，所以必須拿出咄咄逼人的氣

勢，雖然大多數人都不喜歡咄咄逼人。他們也相信必須施壓或耍手段操縱，但事實上，大多數人並不想這麼做，甚至寧可選擇退出。不過說起來很有意思，你不必戴上面具也能成功銷售，但必須熱忱投入，保持好奇心。而如果你對銷售有了正確的定義，要熱忱投入、保持好奇心就不是難事。

於是我們需要給銷售一個定義，讓銷售人員不必背離自我，同時又能達成企業目標。多年前我聽過Nightingale-Conant（以自我成長為主題的大型錄音出版事業）所發行的弗萊德‧赫曼（Fred Herman）錄音帶，他對銷售的定義帶領我走過二十多年。赫曼說銷售涉及兩個密不可分的概念：1.銷售是教導；2.銷售是找出人們想要什麼，並且協助他們取得。

第一，銷售是教導。每一筆成功的交易當中都有教育的成分存在；有興趣的買方，或是銷售員都能從對方身上學到東西。雖然大多數有興趣的買方都不喜歡被教育的感覺，但理想上，買賣當中包含了學習的過程，而此時可能就會引發行為改變。

教導並不是說教，你不能機械化的強力推銷你的品牌、滔滔不絕自賣自誇。不妨回想一下你在學生時代所遇過的優秀老師，我想他們一定沒有成天對你說教。偉大的老師知道要讓學生進入狀況，鼓勵互動，並且引

導學生思考。而這也是厲害的銷售員會做的事情,即提供資訊,帶領對方進入狀況,引起興趣,刺激思考。他們跟顧客互動,展開有意義的對話,也就是說,引導顧客打開心門,就像老師帶領學生一樣。

第二,銷售的確是找出人們想要什麼,然後協助他們取得。記住,人們是買想要的東西,未必是需要的東西(雖然這兩者有可能重疊)。大家真的都知道他們想要什麼嗎?其實大多數人並不清楚自身的現況,也可能不知道有哪些選項。他們心裡可能有想要的東西,但不知道其實有更適合他們的產品或服務。

有天,有個朋友去一家新開的蘋果電腦專賣店,想換掉現有的麥金塔電腦。他事先做過一些調查,然後認定Power Mac G5是他要的。然而,蘋果銷售員在示範產品前先問了他幾個重要的問題:你主要用電腦來做些什麼事?你會同時處理大量的圖像或檔案嗎?之後銷售員又問了幾個問題,找出我朋友真正的需求,結果發現並不是Power Mac G5。銷售員建議他買iMac G5,這款機種可以執行所有我朋友想做的工作,而且比Power Mac便宜四百美元。

這名銷售員站在買方的立場思考,因此能夠幫助他買到真正想要、需要的產品,而不是他以為自己需要的產品。很簡單的做法,但力量強大。

　　銷售究竟是什麼呢？我們接受赫曼的定義：「第一，銷售是教導；第二，銷售是找出人們想要什麼，並且協助他們取得。」我們不是賣東西，而是協助顧客買東西。以每日的工作而言，你只是在想辦法判斷（跟有興趣的買方一起按部就班進行）你的產品或服務是否合乎他們想要的。當銷售員真心相信銷售的這個定義時，他們跟顧客的應對就會完全的改變。他們不會再告訴自己（或者藉由舉止告訴有意買東西的顧客）：「我今天要賣東西」或「我今天必須賣出東西」。他們不必再擔心今天接到幾通電話。他們開始學習判斷有意買東西的顧客，是否想要或需要他所提供的東西。道理就這麼簡單，當買賣雙方的供需達成一致時，銷售員沒有什麼好賣的，因為顧客自然會買，而這是比任何銷售花招都強大的力量。

　　銷售的最高境界是可信度，也就是專業加上信賴。專業反映出你的知識，除了你對產品的了解之外，還包括你的銷售和競爭對手，除此之外，還有你的顧客、他們的需求、所在市場等。建立良好的顧客關係，傳遞適當的訊息，如此你就能夠增加可信度。

　　如果有意成交的顧客信任你，相對的就會比較可能會聽從你的建議。透過你的言行舉止，顧客會判斷你是否和其他銷售員一樣，或者你的意見是值得聽的。一

且你贏得顧客的信任，就會相信你這個人能夠帶給他們價值。要營造出這種充滿信任及公信力的氣氛，唯一的方式是從買方的角度思考，不要有賣方的舉動。

一流銷售員的做法是教導顧客、協助顧客找出真正想要的東西。他們用這樣的方式定義銷售、面對顧客，有效催化購買的動作。這當然不容易做到，但這個做法不僅真的有效，而且是高尚的。

從正確的心態開始

大部分的銷售訓練或銷售方式都少提了一點：銷售員的心態有多麼重要。你的信念會驅動你的行為。如果你相信自己是一個內向的人，你的言行舉止就是一個內向的人；如果你相信自己是外向的，你就會樂於跟任何人攀談；如果你相信自己永遠得不到公平的機會，周遭的人事就會聯合起來打擊你；如果你相信自己的成功機會很大，那麼你就會成功。你對銷售過程的信心深深影響到你的銷售方式，可惜大部分的銷售員都沒有想清楚這點。

業務代表必須保持正確的心態，真正做到以客為重。你不能太過在意業績，也不能只注意公司的營運目標。除非你在建立企業關係與代表公司產品之間取得平

衡，否則無法在業務方面達到長期的成功。業務人員不但沒有站在買方的立場思考，甚至還誤解銷售的意義，而且也不重視買賣雙方在銷售過程當中的關係。

銷售員的工作在於協助有興趣的買方了解，他們有哪些選擇，然後循序漸進的向他們介紹產品，說明產品是符合他們現階段的需要，或者符合他們內心深處想要的，或者兩者兼具。有趣的是，一旦顧客意識到自己想要的東西及後續的影響，解答往往就是你的產品。對你而言，那一刻變成銷售員尋尋覓覓的「啊哈！」你不但做成交易，也提高自己的可信度和重要性，使顧客想要跟你保持工作上的往來。（關於如何得知人們內心真正的想法，這部分在第六章有詳盡的說明。）

你必須保持正確的心態，執行完善的過程，建立良好的買賣關係，而本書就是要幫助你了解這些。

購買五守則

我相信購買有五項基本守則：

守則一：要賣得更多，你必須採用買方的心態，放下賣方的姿態。

守則二：你企業的品質和潛在顧客想不想跟你交談有很大的關連。

守則三：你企業的大小和你能不能藉由發問刺激顧客思考有關。

守則四：高壓氣氛通常無助於交談，而且會讓雙方的談話失去意義。

守則五：低壓氣氛通常有助於提升顧客的交談意願及接受度。（無壓氣氛毫無結果可言，應該避免。某種程度的壓力才能驅動顧客。）

這裡有一個地方似是而非：你越不在意銷售，賣得越多。當你真心在意買方時，你就會站在他們的立場想。你會開始了解什麼對買方最重要，然後你會好奇的想要知道買方如何思考、如何做決定——買方認為什麼才重要。

記住，幾乎每個人都會想要得到安全感和歸屬感，希望自己充滿自信、享有權勢，人生成就更高、更有樂趣，或者全部都想要。理想上，銷售員所賣的產品或服務對顧客的情緒或心理具有加分作用。（我知道沒品的銷售員是哪副德性，他們兜售品質低劣、危險、有害的東西。他們只想到自己，這種作為使同行蒙羞。）

顧客想要你賣的東西，因為這些商品可以改善他們的生活，但你必須主動帶他們進入狀況。當他們參與時，你就可以在雙方之間打造正面的關係，使你更容易找出他們的需求，甚至是潛藏他們心底深處的需求。然

而，如果沒有良好的買賣關係，你就只能停留在顧客表面上的需求。

為什麼傳統的技巧沒有被淘汰？

「從買方的角度想」看起來非常合乎邏輯，非常有效，那麼有個問題出現了。既然如此，為什麼還有許多業務經理繼續用傳統的技巧訓練業務人員，要他們找到潛在的顧客，消弭對方的抗拒，進而完成交易？

我想這當中有幾個原因。這些經理人的上司也是這樣教他們的，所以，他們的認知出現盲點，認為傳統的技巧有時的確能夠奏效。

大部分的業務經理都是業務部門出身的，他們是成功的業務人員，看他們獲得升遷就知道，而他們也成功做好上一代業務經理的傳人。由此可知，既然一路到現在都做得好好的，何必改變？因為，世界不一樣了。但大部分的業務人員當初都不是學業務的，後來也不自修，所以他們不懂人類行為；他們覺得對前人的經驗照單全收比自己再去學，要來得簡單。

他們認知上的盲點常常來自於研讀羅傑·費雪（Roger Fisher）、威廉·尤瑞（William Ury）及布魯斯·派頓（Bruce Patton）合著的《實質利益談判法：

跳脫立場之爭》（Getting to YES），或是威廉・尤瑞的《Getting Past No》。前者教妳如何在不退讓的前提下達成協議，後者教你如何從對立協商到合作。（順便一提，站在買方的立場思考對任何協商都具有深遠的影響力。）

認知上的盲點在這裡很簡單，那就是相信傳統的銷售技巧有用。事實上，盲點比無知的力道更強大，因為無知通常可以透過教育解決，盲點就很難改變，因為人們相信自己想得沒錯，但事實上是錯的，或者不夠周全。

最後，大數法則有助於傳統的銷售技巧。如果你造訪的人夠多，你會得到一些結果。如果你接觸的客源夠多，你會碰到需要你產品或服務的人。他們會買，但跟誰買並不重要。就算是最差勁的銷售員也有成交的時候。

買賣的過程通常分成三類。1.傳統模式：「我來教你怎麼賣，什麼都可以賣，賣給誰都可以。」；2.說服模式：「我來教你怎麼誘導對方簽名。」；3.以客為重模式：「只賣給顧客他們想要或需要的東西。」

許多人可以靠傳統的銷售戰術成功，原因有幾個。首先，除了運用這些戰術之外，他們是真心相信產品的價值；在顧客面前，這樣的熱忱常常可以掩飾不怎

麼樣的戰術。銷售員對產品抱持熱忱，總會打動幾個顧客的心，不是所有人都會狠心拒買。還有些業務代表靠嘴上功夫，一步一步說動買方掏出錢。例如心軟的人最好三思後再去看車，否則大概都會被業務員說動，不幸當了冤大頭。因為大家都知道社會上有這種事情發生，所以立法保障消費者的權益，讓消費者對產品享有三天的鑑賞期。

傳統的銷售技巧有一定的功效，但我在本書所說明的過程功效更大，適用於更多的行業及業務人員。問題不在於，你會不會成功？而是，你會得到何種程度成功？只要你能讓買方進入狀況，不但能提高成交的機會，也能增加成交的次數。

何時不要賣

這項策略讓你搶得契機協助最多人購買，因為他們主動參與過程。他們相信你對他們和他們所遭遇的問題有興趣，所以願意跟你交談。他們相信聽你講話是有意義的，所以真的有意願向你學習新知。人們喜歡買東西，但問題是他們不想跟一般的銷售員購買。

弗萊德・赫曼還說過：「如果人們想要的東西我們沒有，就沒有權利把我們有的東西賣給他們。」大多

數的銷售員聽到這句話都會感到如釋重負，因為他們不必再勉強賣顧客不想要或不需要的東西。你的目標是找出顧客想要什麼，然後幫他們買到。如果你的企業組織幫不了他們，你就不應該再繼續浪費寶貴的時間試圖改變現況。你應該明白告訴對方你的產品不適合，如此一來你就能替未來的買賣機會奠定穩固的基礎。我舉一個去BMW看車的經驗作為例子。

當時我想要換一輛比較大的車，有兩個車款可以考慮，八萬美元的BMW七系列和六萬美元的Infiniti Q45。我是Infiniti的忠實客戶，但我還是想要看看BMW。BMW的展示間裡沒有銷售員「攻擊」我，於是我舒舒服服的坐上車體驗一下。我正一個人樂在其中時，有名銷售員出現了。「您覺得這輛如何？」

我回答：「我很喜歡。」

「您有打算現在買車嗎？」

「我還有在考慮另外一款，所以可能要兩三個月才會決定。」

「請問您在考慮哪一款？」

「Q45。」

他說道：「好車。」

「對，我很喜歡，我已經開過好幾台Infiniti的車。我也很喜歡這台，不過我不懂為什麼價格差這麼多。這

台為什麼要比Infiniti貴兩萬美元？」

這是銷售員的回答：「您有多喜歡開車？我是指駕馭的樂趣，而不是只拿來當成交通工具。」

「嗯……我要的其實是交通工具。開車的樂趣對我而言沒什麼。」

「那麼您不值得多花這個錢，您應該買Infiniti。Infiniti是好車，這輛BMW有的它都有。BMW的價值在於『開車』這件事。如果有個交通工具對您而言比較重要，那麼我會建議您沒必要多花錢。」

這對他的可信度有何影響？他坦白告訴我他的產品不適合我，藉此奠定了我們未來買賣的基礎，因為我在買車前一定會再回來考慮BMW。這對BMW做生意的方式說明了什麼？我不知道。但這個故事我已經說過幾百遍，就算只有促成一個人去看BMW的車，對BMW而言也是好事。

一旦明白你的產品或服務不適合買方，你就必須直接告知。真的不適合就明說，這麼做可以形成一股強大的力量，增加你的可信度，長期下來的效果絕對超乎你的想像。現在看來或許一無所獲，但如果你種下的種子夠多，一定有些會發芽。

想想看，一旦有意買東西的顧客懷疑自己「中了銷售員的圈套」，大多數人的反應是：OK，我知道這

是怎麼回事，你想賣東西給我，那就不要怪我拿出買方慣有的招數。我可以假裝有興趣，然後盡快把你趕走；或者我可以假裝同意你說的，其實我心裡另有想法，反正你不要再回來煩我就好。

但如果你表示這是雙向的互動，重點在於買方想要什麼、需要什麼，如此大家就會比較願意參與，至少他們會想要留下來看看有沒有好處。

另一個辦法是用買方的方式思考，用買方喜歡的語言和策略接近他們。人們喜歡跟親切、誠實、可信、不會攻擊同行的銷售員買東西。他們不喜歡自以為什麼都懂、誇大不實的銷售員，即使你的產品真的很不錯。他們喜歡可以信賴，感覺實在的銷售員。

成功是種副產品，當你做對事情的時候它就會出現。銷售員必須在理念及行為上展現出專業。有人說業餘與職業之間主要的分別在於準備及練習，這句話頗有道理的，如果你對自己所定義的銷售有信心，那麼很有可能協助顧客做出對的事情，隨之而來的就是成功。

這裡的重點在於將你自己放到一邊，建立可信度。不要想：「我要怎麼做成這筆買賣？」或「我要怎麼達到業績？」或「我要怎麼讓顧客點頭？」你要抱持買方的心態，不要擺出賣方的姿態。

2

銷售八大法則

　　我在這裡要大膽說一句：出發點主導銷售。我所指的出發點就是目的、意圖，就是你在行動當下的心態，即專心針對某一個目標。出發點關係到你的行事計畫，或者你打算要進行的事。有一個你必須吸收進去，並且加以深思的重要概念：如果出發點是你行動時的心態，那麼你在跟顧客互動時的出發點是什麼？答案非常清楚、簡單，卻對銷售成敗有著深遠的影響。

　　因此當你在思考出發點時，問自己兩件事：1.我的目的是什麼？2.我打算怎麼做？根據企業顧問兼作家布萊恩‧崔西（Brian Tracy）表示：「你首先要想到的是目的。有了目的之後，顧客自然會感染到你的熱忱。」

　　簡單來說，如果我的出發點或目的是要賣你東西，我就是以我為焦點。如果我的出發點是要教你一些事情，或者查明你想要什麼，然後協助你得到，那麼此

時我就是以他人為焦點。如果你在銷售時把焦點放在他人身上，你會拿出的行動就是先了解情況，再提出建議。你會盡可能小心準備與顧客的互動，確定你會問對問題，藉由發問來了解顧客、他們的生意、競爭對手，以及競爭對手的生意，然後再開始說明你的產品或服務為什麼可能適合他們。

正確的出發點可以打開心門，錯誤的出發點則會關閉心門。在與顧客的應對進退之間，錯誤的出發點有可能立即現出原形。大家都已經很習慣銷售員「以自己為焦點」，硬要成交，於是早有了戒心。他們一察覺到苗頭不對，不是對銷售員敷衍了事，就是三十六計，走為上策。而另一方面，如果你的出發點純正，在傳達上也許比較辛苦，顧客必須聆聽、提問、評估你如何對待他們，才能感覺到你純正的出發點。當他們覺得你的出發點純正時，他們比較可能會認真跟你交談，這樣的交談才有意義。

要成為一流的銷售員，每日必須奉行銷售的八大法則：

1. 我要將心比心，從顧客的角度看事情。
2. 我要將焦點放在顧客身上，而不是自己身上。
3. 我要找到真正想跟我買東西的人。
4. 我要呈現出專業形象。

5.我要精通相關的專業知識。

6.我要隨時做好準備，不是因為對自己重要，而是因為對顧客重要。

7.我要講顧客聽得懂的話，如此才能引起共鳴，使人信服。

8.我要反求諸己，因為我必須為自己的行為負責。

接下來一一討論各法則的影響。

我要將心比心

我大力奉行以他人為重的信條，最初我是在伯明罕（阿拉巴馬州）擔任區域業務經理時，有了這樣的領悟。當時我很快便學到一件事：成功的意義在於能夠察覺到，並且感受到他人的難處。具有同理心的業務員會設身處地替顧客著想。如果可能的話，他們會想要清楚了解顧客面臨到的困難、挑戰及壓力。根據人際關係方面的研究指出，要打造具有建設性、正面價值的關係，無論是個人或企業，同理心都是不可或缺的。

將心比心的時代來臨了。美國《商業周刊》最近曾經報導過歐特拉集團（Altera Corporation）所進行的變革，該公司是一家位於加州聖荷西的晶片製造商。在1990年代晚期，業務員麥可‧狄恩獨自承攬公司的

二十五位客戶；但後來2000年時，網路泡沫化，「麥可的業務量急速下滑，要跟客戶見上一面難如登天。他的嘴滔滔不絕說著，但耳朵卻沒有好好聽。市場已經變了，但麥可卻沒有跟著變。」

歐特拉的執行長，約翰‧唐恩（John P. Daane），已經花了一千萬對員工進行同理心的方面訓練，協助像麥可這樣的業務同仁認清公司客戶的情況、感覺及動機。「我們不斷努力了解，並建立更好的顧客關係。」約翰表示。「在做到顧客同理心這方面，我們才剛起步。」大約有十分之一的業務代表對這種訓練感到陌生，以至於他們寧可選擇離職，也不願意繼續。「他們不太想站在顧客的立場，他們只想賣東西，」歐特拉的一名顧問如此表示。所以，請你不要覺得這項法則實行起來很容易。

麥克選擇繼續接受訓練，從顧客角度看事情的做法改變了他做生意的方式。現在他只負責七位客戶，而每次談成交易的時間都拉長了，主要是因為他開始多聽客戶說話。最近麥可跟麻州一家醫藥公司的主管首度會面，期間他重述之前在電話裡說過的話：歐特拉正在了解要如何投資醫藥界。長達一個半小時的時間當中，麥可安靜坐著聽對方說明有意購買什麼技術，以及預期會遇到什麼困難。從頭到尾都沒有跟對方說，歐特拉想要

賣晶片給他。「你可以看得出來他講得很高興。」他整個人顯得很放鬆，坐在那裡暢所欲言。就算沒有跟對方談成這筆交易，約翰仍然對這種接觸客戶的方式表示肯定，他相信有歐特拉雄厚的財力作為後盾，從顧客角度看事情的做法最終一定會有所斬獲。

要從顧客的角度看事情，不妨親自到場觀察他們是如何營運的。我在伯明罕時，要求所有的業務代表，每季至少花半天的時間去拜訪顧客。如果是還不太熟的顧客，我們會先徵詢對方的同意。我們的說法是公司要求業務代表經過這種學習與發展，無論對方需要我們做什麼，我們都樂於全力以赴。我們的目的只有一個：了解對方辦公室裡面的情況。我們的業務代表幫忙接電話、整理檔案、清理櫃子，甚至安裝洗手間的衛生紙架。

結果令人喜出望外。我的業務同仁沒多久就發現半天的時間短得像一眨眼，而這樣的拜訪對他們的意義遠遠勝過對客戶的意義。他們親眼看到客戶辦公室裡的每個人都負有重責大任；另外，我們跟客戶的關係也大為改善。為了表示謝意，我們會請大家吃午餐。我方的業務代表從這樣的經驗當中獲得許多寶貴的收穫，他們越來越了解客戶的觀點。在我擔任區域經理期間，像這樣拜訪客戶是例行的公務。而我相信正因如此，我們團

隊連續八年在全國名列前矛。

羅氏實驗室HCV（C型肝炎病毒）部門的業務經理，莎莉・古奇斯（Shari Kulkis），很自然的就能發揮同理心。她在拜訪客戶時，除了跟醫生會面交談之外，也顧及辦公室裡所有的員工，因為她知道每一個人都很重要。她會留意客戶辦公室裡的雜誌，以及牆壁上掛的東西。進入醫生的私人辦公室之後，她會開始留意對方喜歡蒐集什麼。「通常看他們的置物架就知道，」她表示。「然後接下來問問題，例如：他們週末都喜歡做些什麼。」這樣的心態不僅讓她得以成功銷售公司的產品，也使她對客戶有了更多的認識。她越了解客戶的考量及困難，客戶就越能感受到她是在乎的，因此也就越可能買她的東西。她的出發點不在於只經營跟決策者的關係，而是在於跟每個人都打好關係。如此一來，她的消息比其他業務同仁更靈通。要達到這個境界，你必須站在別人的立場去看事情。

我要將焦點放在顧客身上，
而不是自己身上

業務高手非常清楚自己的出發點。無論是接電話或親自造訪，出發點一定都是為顧客著想，並以顧客為

重，先把自己放一邊，也把販賣的產品也放一邊。

業務人員（或他們所屬的行銷部門）常常對顧客有先入為主的想法，認定對方需要自己正在銷售的產品，但如此一來就無法看清對方真正的問題。我們這麼做是一廂情願亮出我們手上的貨，沒有去考慮這東西適不適合。最後的結果是業務員自己老王賣瓜，而不是跟對方雙向交流談生意，也就是沒有將焦點放在對方身上。

我在這裡用醫病關係打一個比方。稱職的醫生絕對不會妄下診斷，他們一定會先完整了解病人的症狀。醫生只有在聽完病人的描述之後，才會決定什麼治療方式最適合。現在我們回來看銷售這件事，銷售員常常跳過問診的階段，直接就開始採取行動，以為這樣就可以得到想要的結果。

如果你沒有先了解顧客的情況，直接對他們進行疲勞轟炸，這就是所謂的碰運氣，看看會不會剛好談成交易。銷售員有時一心只想著自己想要什麼、需要什麼，結果忘了顧客想要什麼、需要什麼。我有一個從事電訊業務的朋友安森尼‧伊姆（Anthomy Yim），他跟我說過一個業務員處於「狀況外」的例子。

有天，安森尼的老闆叫他去拜訪一家位於紐約的日本銀行，由於安森尼之前從來沒有接觸過這家日本

銀行，裡面的人當然一個都不認識，只是他的公司得知對方電訊服務的舊約即將期滿，所以想爭取成為新的合作夥伴。「我去拜訪他們，因為聽說他們在找人簽訂新合約。我們心態上純粹是想要拉高業績。」安森尼告訴我。他的出發點是賣東西，而不是了解銀行處於何種情況、有何需求。

後來，安森尼見到對方銀行兩名極不友善的主管。「他們是沒有趕我走，但他們猛烈砲轟我：『你們有什麼能耐？我們為什麼要考慮你們？』他們很不高興，讓我覺得心裡不舒服。」

雖然客戶越多越好，但安森尼有其他「比較不難纏的」客戶要忙，因此他告訴自己不必再回來碰釘子。那家日本銀行當時跟另外兩家電訊公司有約，而且似乎感到很滿意。安森尼問自己，我這是在自討苦吃嗎？但銀行是真的需要簽新約了，於是他做做樣子提出三頁企畫書的要求。安森尼告訴我：「從頭到尾我都沒有想過要跟他們建立關係、多了解他們，或者拿出全新的做法。我的態度是：反正老闆吩咐我去賣東西，我就去賣，看看會不會誤打誤撞搞定。」

交出企畫書之後，安森尼第二次去拜訪銀行，結果比第一次更糟。「我回辦公室後整個人差點抓狂，很想砸東西，不過我選擇找幾個同事聊聊，讓自己冷靜一

下。當天下午，對方銀行發傳真給我——『我們有新的要求。』我看完他們新提出的要求，發現有幾個我們做不到。於是我心想，反正前面的經驗又不是太愉快，這個案子乾脆就算了。我知道這不像專業人士的做法，可是我幫自己脫困。我已經給他們企畫書了，如果他們要下訂單，那好，就這樣……我一直都沒有跟他們展開有意義的對談。」

後來那家銀行當然沒有下訂單，安森尼也將這件事拋諸腦後。

大概四個月之後，安森尼的同事在商展上碰到日本銀行的主管，對方從名牌認出安森尼的公司。銀行主管問安森尼的同事：「你們後來是怎麼了？銀行上級要找你們公司簽約，結果卻不見人影。」

安森尼事後回想，恍然大悟自己當初的出發點並不純正。他首先只想賣東西給對方，後來發現對方並不友善時則忙著為自己辯解。從頭到尾他的焦點都是放在自己身上。

「我當初應該要想辦法化解敵意的，然後讓雙方有溝通的機會。雖然他們那時候的態度很強硬，讓我無法展開對談。不過現在想起來，其實態度是一種自我保護。而我當時覺得他們跟我議價只是在要我，最後還是不會換合作夥伴。如果他們那時候對我開誠布公，相信

情況會好許多。」

　　如果安森尼當時以客戶為重，就會先了解銀行的問題，然後再提出最適合的解決之道。對方主管的態度可能不會軟化太多，但如果安森尼能夠說服他們，並協助解決問題，而不是擔心是否拿到合約，雙方的摩擦應該就可以大大減少，也可以成功拿到合約。

我要找到真正想跟我買東西的人

　　這點應該再清楚也不過了。如果對方不想買你的東西，何苦浪費彼此的時間呢？企業和業務人員替自己的產品或服務努力開發最適合的顧客。有許多軟體和線上服務都可以協助小企業認出潛在的商機。線上社交服務網，例如LinkedIn、Jigsaw、Spoke、iProfile等，都能透過社群一傳十、十傳百帶你找到更多的潛在顧客。

　　雖然這些都是很好用的工具，但問題還是沒變：除非雙方先談過，否則你不知道對方是不是真的想要買你的東西（他們自己也不知道）。雖然他們看起來像合適的顧客，但還是可能對你賣的東西沒興趣，也可能他們有興趣，但不夠有興趣到現在就決定掏錢，或者花時間聽你報告企畫案。還有一種可能，他們可能想要買你的東西，但礙於公司的預算或政策沒辦法；如果是個

人的話，可能他們的信用卡已經刷爆，甚至有的人並不知道他們其實需要你的東西（而這正是你的功能！）無法對顧客奏效的原因數也數不完。琳達・穆倫（Linda Mullen）花了六年的時間才征服一名顧客。

琳達是歐特斯（Altus, Inc.）的董事長，身兼直銷女裝唐卡絲（Doncaster）的代理商及專員。公司將大衣、外套、裙子、長褲、毛衣、配件等商品，送到專員家中，由專員負責約客人試衣服。琳達在費城家中舉辦六場為期兩週的秀展，逐步擴大到舊金山、聖地牙哥、華盛頓特區等地。

「我的客戶有九成都是職業婦女。」琳達說道。「包括律師、企業合夥人，甚至自己開公司的女強人。其中有一位是一家大型法律事務所訴訟部門的主管，我花了六年的時間才說服她來看秀。當時，一個同事給我有關她的資料，我連續六年定期通知她秀展的時間和地點。我寄文宣給她，打電話追蹤，可是都沒有結果。後來有一個星期三的晚上，她終於出現了。顯然她是一個行事謹慎的人。我帶她參觀展示間，結果不到一小時，就買了六千美元的衣服。我連記都來不及記。我倒一杯酒給她，請她等我整理訂單。後來我帶著她訂購的衣服讓她試穿，前後大概花了半小時，每一件都試穿，我負責幫她在衣服上別大頭針、做記號，然後送去修改，修

改好再送回來給她，到此整個交易過程結束。她對我的
服務滿意的不得了。當季她又回來看第二場秀，更大手
筆的買了好多衣服。她有事先走，沒有等我寫密密麻麻
的訂單。這次她只待了三十五分鐘，平均每分鐘買下
八百美元的衣服，說她是頂級貴客也不為過。我們對彼
此做事情的方式都很欣賞，至今她是介紹最多人給我的
客戶。」琳達的出發點是看誰真正對她提供的東西有興
趣，除了流行服飾之外，還有快速、個人化的服務。因
此她成功建立了顧客關係，顧客也都知道她不是在推銷
東西，而是在尋找適合的配對，這點令她的顧客感到滿
意，於是樂於跟她買東西，也樂於介紹認識的人來光
顧。

我要呈現出專業的形象

你的客戶對你有何看法？只是一堆業務員之一？
或者你真的與眾不同？理想上，顧客認為優秀的業務
員是寶貴的資源，於是問題來了：「你如何勝過競爭對
手、在顧客的心裡占有重要地位？」

要跟大家都一樣沒什麼難的，因為只要大家做什
麼，你就做什麼就可以了。此時你的出發點很清楚，你
只能搞定一小群顧客，一群很容易被說服的顧客。

　　如果你希望顧客覺得你不一樣，你必須先做到不一樣。你必須相信你越不在乎成交，你就越能成交，你的出發點在於長期，不在於短期。通常不是要爭取立即成交，而是要跟對方建立良好的關係，因為你知道回鍋的忠心顧客形同你的長期飯票。你的目標不是自己單方面的陳述，而是雙方面的溝通；最終如果適合的話，你就能談成交易。你一定要先聽對方講他們想要什麼，之後才能將銷售過程轉到你自己身上，說出你認為合理的做法。

　　我用傑克‧馬汀（Jack Martin）舉例。傑克1969年大學畢業，他想要當理財專員，於是接受公司嚴密的訓練，包括學習如何打電話推銷股票。訓練進入最後一週，傑克有了重大的發現。他心想：「這不合理，我才二十三歲，他們叫我打電話給不認識的有錢人，要對方把錢交給我，我覺得很愚蠢。」他告訴老闆如是的想法。

　　老闆問他：「那你要怎麼做？」傑克回答：「我要親自去拜訪他們。」

　　「行不通的，傑克，他們不可能開門讓你進去。」

　　傑克說：「無所謂，反正我要試試看，總比打電話給陌生人好。」

　　傑克動身前往芝加哥市區,親自登門造訪。兩星期過去了,沒有人願意跟他講話。最後他來到名列全國前八大的一家會計事務所,他告訴接待員:「我來見總裁。」對方問他有沒有預約,他坦承沒有。接待員問:「關於什麼事?」傑克回答:「是私事。」

　　五分鐘後,傑克成功踏進總裁辦公室。他自我介紹,說明他在哪一家證券公司任職。然後他表示:「我知道除非先見過面,否則像你這樣的專業人士不會想隨便投資,所以我今天親自來一趟,希望能多了解您。」

　　傑克告訴我總裁講了一小時,幾乎把他的一生都講了。最後總裁看一下錶:「天啊,傑克,我得走了,留個名片給我,我再打電話給你。」

　　兩週後,總裁果真來電,跟傑克買了價值五百萬的債券。我問傑克賺到多少佣金,答案是九萬五千美元,當時1969年,這對二十三歲的社會新鮮人而言不錯了。傑克不到五十歲就退休了,該會計事務所的功勞不小,因為除了總裁之外,還有許多資深主管也都成為傑克的客戶。

　　那些資深主管為什麼找傑克投資?他們願意掏錢,因為傑克不一樣。他賣的產品跟其他年輕的理財專員差不多,但他這個人不一樣。傑克的故事是一個很好的例子,相信你已經明白,當顧客覺得產品大同小異

時，我們就必須要讓顧客覺得賣產品的人是與眾不同。

我要精通相關的專業知識

關於專業知識的部分，在第三章會有詳細的說明。現在我先說一件事：精通本行專業知識的業務員，絕對會讓顧客印象深刻。因此，無論顧客是否完全同意業務員的說法，他們還是會認為你可靠，重視你的發言。一旦你充分掌握該領域所需的專業知識，就能在顧客面前大顯身手，豐富的專業知識可以使你更有自信，進而邁向成功的銷售。

許多公司（及業務人員）對知識的定義，僅限於自家產品或服務的資訊，例如這東西要怎麼用，但事實上範圍廣泛多了。除了對你所銷售的產品或服務有基本的認識之外，你還需要具有多方位的能力：

1.分析競爭對手及他們的賣點。

2.了解顧客要解決的問題。

3.認清你自己，研究如何藉由你的個性及溝通方式來影響他人。

我說的並不是一般的資訊，完整的資訊只是基本的門檻，除了產品的特色及優點之外，應該還要知道更多。你必須了解該如何因地制宜的應用你的產品，滿

足顧客的需求。你還必須知道顧客面對什麼難題。這種知識使你得以看清楚產品的全景。當你「見林」而不是「見樹」時，就可以從各方面跟顧客討論生意，不會講來講去都是你的產品（也就是以他人為重），如此對方就會認為你的意見值得聽。

我要隨時做好準備

這項銷售出發點法尤其重要，因為它不僅可以獨立存在，同時也是其他七項必要的部分。如本章一開始所提到的，每一次展開銷售行動時，你都必須抱持正確的目的或目標。

現在你應該問自己：「我為什麼要去拜訪這個顧客？」不是要聊八卦，也不是要結交新朋友，而是你已經想好要講什麼，你對你的產品有信心，知道對方需要，所以你要賣給他們。如果你相信你的產品對顧客好，自然就會在言談之間流露出驕傲與熱忱。然而，光靠這樣，還不足以促使對方拿出「購買」的動作。

我所謂的隨時做好準備，首先要在心裡複習你的目的：「我去找對方是要診斷問題，不是開處方；我是要去展開對談，不是進行買賣（雖然有可能成功）；我要去了解這名顧客想要什麼，然後帶動對方開始思

考。」

　　寫下你要問的問題，用這些問題來決定對方與產品之間是否相配。萬全的準備是成功的要素之一。凡事起頭難，不過你一旦習慣之後，你會發現效果驚人。

　　你所準備的賣點很重要。如果產品的賣點合理，你應該就能找到許多買方，這當中你只需要改變銷售的出發點。如果你賣的東西很差，這就行不通，因為它跟你這個人，以及你所說的話落差太大。你所銷售的產品或服務必須具有合乎邏輯的賣點，或者在市場上具有某種獨特性。如此一來，你就能夠找到需要的人，因為你會將焦點放在顧客身上，而不是你自己身上。

　　當你做好萬全的準備，你會發現你不必拜訪那麼多人，但你跟對方的談話更有意義，最後更有可能成交。

我要講能夠引起共鳴的話

　　你如何帶動對話、表達想法，進而銷售產品或服務很重要，會直接影響到你如何刺激對方思考。你講的話必須引起對方的共鳴，而不是反感。用字很重要！你必須用話語營造出一個低壓、令人安心的環境，再加上適度的邏輯和情緒，這些都有助於成功的銷售。

　　有時業務員將產品或服務介紹得很棒，跟顧客會面也很愉快，但事後納悶為什麼自己的發言沒有引起對方的共鳴。這些業務員相信自己的發言邏輯性夠強，而且根據事前的研究調查，相信對方是值得開發的新顧客，所以究竟是為什麼呢？為什麼對方不想省錢？為什麼他們不想要一套更可靠的系統？為什麼他們不想要更高階的技術？這些業務員用他們認為最佳的方式秀出賣點，但對方不買就是不買。

　　記住，顧客對業務員總是有偏見。他們不買的原因之一在於，業務員講的話沒有引起共鳴，於是讓顧客覺得不需要這東西，或者至少現在不需要，或者沒有需要花這個錢。

　　你在介紹時，用字遣詞之間必須想辦法讓顧客對你和你的產品改觀。因此，你要事先演練內容，出發點是用話語為雙方帶出新的了解。有時在交談之間，你有機會激發對方換個方向思考。

　　我之前在銷售藥品時，曾經有一個醫生告訴我：「我開你的藥給五個病人，結果有四個死亡。」不太好的開始。

　　我說：「方便請教你一個問題嗎？你在幫這些病人決定用藥時，覺得有幾個會無效、死亡？」

　　「我覺得他們都會死。」

「那麼，我覺得這個藥不算太差。」

我沒有一開始就替產品辯解，也沒有說他為什麼錯了；如果我那麼做，他早就趕我出去了。我藉由發問刺激他思考，請他回頭想最初的情況，讓他自己把一個一個點串連成線。激發他想起當時對我的產品有何看法，結果情況完全改觀。那位醫生回想每個參考點之後發現，我賣的藥其實是良藥，不是劣質的產品。

萬一他是說：「我覺得沒有人會死。」那我怎麼辦？一樣，我不會替產品辯解。事實上，醫生這樣的回答足以顯示藥有問題，我應該要想辦法讓它下架。

這是製藥界會發生的情況。美國食品藥物管制局（Food and Drug Administration, FDA）核准藥物上市，然後醫生才發現有問題。果真如此，我的個人原則是會進一步調查，看看究竟是藥真的有問題，或者醫生碰到的情況是特例，如果事實證明藥真的有問題，我會盡全力促成回收。

在跟醫生對談時必須小心隻字片語，出發點是了解情況，我站在醫生的立場去了解他對藥的質疑，然後激發他去想用藥的成功率，而不是失敗率。顧客需要我們講話引起共鳴，並且透過話語傳達出想法。如果我們不能將想法轉為引起共鳴的話語，無論產品多有賣點，顧客都無從印證。

我要反求諸己

> 大家老愛責怪是環境逼人，我卻不相
> 信環境這套說法。成功的人主動追求他們想
> 要的環境；如果找不到的話，他們會自行創
> 造。
>
> ——喬治・伯納・蕭（George Bernard Shaw）

在實力與運氣之間，反求諸己的人會相信實力，他們通常相信命運取決於自己，自己才是命運的主人，與別人或公司裡的政治運作無關。而另一方面，也有人「求人不求己」，他們認為外在的環境比較重要，自己有做什麼，或沒做什麼並不重要。對這些人而言，成敗之間，運氣的影響大過實力，他們很容易就認為自己是環境的受害者。

根據傑拉德・麥金塔（Gerrard Macintosh）的研究結果指出：「懂得自重、具有同理心、會反求諸己的人，對時間的關係比較有概念，因此比較可能會針對長期的關係訂定目標，採取行動。」

傑拉德所言「時間關係的概念」是指，有些業務員訂定短期目標（進而影響到行為），有些則訂定長期目標。有長期概念的人認為近期目標是「基石」，一

塊一塊為長期目標打下基礎，這點很重要，因為只看短期的業務員會顯得咄咄逼人，想要一次就談成。相對之下，注重長期經營的業務員會想到過去及未來，根據傑拉德表示：「在銷售時講求合作、整合、解決問題。」好消息是，研究顯示重視長期經營的銷售行為，有助於改善顧客關係，讓公司能夠留住忠誠的顧客。

當你靠自己的實力、不靠外在運氣時，你知道生意成敗只取決於一點──你自己！你深知出發點很重要，它會牽動你的行動。有了這樣的了解之後，你的準備會不一樣，跟顧客的交談也會不一樣。你選擇如何用字遣詞使對方卸下心防，並且對你改觀，因而創造更多更好的機會。

接下來，你的行動就能清楚而有力的傳達你的出發點。我舉一個例子給你聽。

麥尼爾消費品（McNeil Consumer Products）多年前對強效止痛藥泰諾（Tylenol）採取行動，當時有七名消費者服藥後離奇死亡。公司立即從藥房及超市回收了三千萬瓶的Tylenol，是回收全部的Tylenol，不是只回收加強型的Tylenol。沒有人忘記該公司如何貫徹理念，做到言行一致，這就是純正的出發點。出發點促使該公司做出正確的事情。在買方的心目中，銷售的出發點很重要，它讓我們做出正確的事情，然而，我們的銷

售心態還有一個要素必須討論。

　　要做到成功的銷售，你必須精通專業知識、培養傳達能力，並且建立良好的企業關係。

3

增進你的知識、傳達能力及關係

　　在顧客面前，白金卡等級的業務員與金卡等級的業務員有何不同？前者抱持正確的心態，也就是我一直談到的純正的出發點，但最終的功效取決於，他們在潛在顧客面前的言行。

　　銷售員在面對顧客時能否產生功效在於一個信念：他們必須精通知識（knowledge）、傳達訊息（messaging）及關係（relationships）等三方面（KMR）如果你相信KMR很重要，你的心態就會驅使你做出決定。

　　知識、傳達訊息及關係，這三者缺一不可。成功的銷售需要結合這三者，你必須都投入。知識、傳達訊息及關係不只是三個重要的概念，它們也同時涉及你的心態。本章兼顧概念與心態，因為這兩者密不可分。

　　第二章討論到銷售的八大法則。我們的一舉一動

都受到心態的影響，尤其是我們回應第五、六、七項法則的方式；精通知識、隨時做好準備，以及使用能夠引起共鳴的話語，這三項法則對KMR的成敗有著重大的影響，因為除非你心態正確，否則你的行為將難以改變，於是你所能產生的功效就有限。

　　大多數的公司只注重這三項要素當中的一兩項，誤以為它們是各自獨立的。然而事實上，知識、傳達訊息及關係，這三者誰也離不開誰，如圖3.1所顯示，這三者是相互影響的。比起無關的人，跟你有良好關係的人比較可能正向解讀你所傳達的訊息。你也比較可能從他們身上獲得更多的資訊，因為透過你們雙方良好的關係，他們信任你。如果你擁有豐富的知識，比較可能清

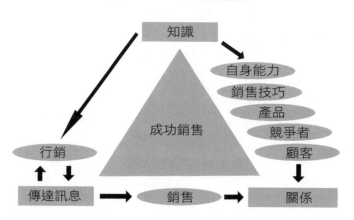

圖3.1　KMR三者的關連

楚表達你的訊息，如果可以清楚表達你的訊息，人們也比較會跟你保持良好的關係，進而提供更多的資訊給你。

　　因為這三者相輔相成，所以一旦你做好其中一項，就可以帶動另外兩項。為了要完整發揮功效，必須三項都注意到，並且徹底演練。

心態篇之一：知識，你所知道的事

　　許多銷售員尚未精通必備的知識，因此顧客和潛在顧客都不認為這些銷售員的話值得聽。我懷疑這些銷售員沒有真正了解，或者沒有真正相信精通知識對銷售成敗的影響。方程式的其中一端是具備足夠的知識，使顧客及潛在顧客重視你的意見。不知道的內容，你能傳達嗎？答案是不可能。

　　方程式的另外一端是知識對你的意義。當你精通本行的重要知識，自然就能在顧客面前如魚得水，此時你的自信大增，你會幫自己加分。

　　大部分的公司認為知識是對產品或技術的知識，於是砸下大筆預算訓練員工了解產品（或服務）的特色和優點。事實上，知識所涵蓋的範圍遠遠超過這些。我們之前談到，知識還包括了解你自己，以及根據你的個

性、溝通模式，以及與人互動的方式。另外，知識不是背背數據資料就好，你必須要能夠游刃有餘。我前面說過，擁有正確的資訊只是最低門檻，還不夠。成功與否在於你對資訊的掌握，必須了解顧客所處的大環境。如果能證明你已經透過廣角看清顧客運作的全貌，就享有比較高的成功機率，但可惜大多數的銷售員都缺乏這樣的知識。

相反的，我的朋友麥可‧艾卡迪（Mike Accardi）不一樣，他任職於曼菲斯（田納西州）的伍茲博公司（Wurzburg Inc.），負責銷售包裝材料及系統，他已經花了三十年的時間擴充知識。麥可指出，如果你跟顧客成為真正的合作夥伴，就沒有所謂的銷售了，你的顧客自然會購買。「成為合作夥伴之後，你變成資源。你不再是賣方，你是團隊的一份子。」

麥可舉例給我聽。他最大的一個客戶每週運送上千個包裹，對方經歷過一段時期的震盪。「一下辦公大樓出問題，一下送貨路線要修改。他們三年前出現重大的改變，請顧問公司協助重整，並且介紹我認識，之後我幾乎每天都跟顧問公司會面，他們有任何問題就打電話給我，包括你覺得搞包裝的人不可能懂的問題。我是顧問的顧問，如果我不能親自處理，就是立刻找人幫他們處理，這就是所謂的資源。」

　　我再舉一個例子說明知識就是力量。我曾經在阿拉巴馬州的一家製藥公司擔任區域經理，期間賣過糖尿病的藥。當時有一家競爭對手賣的藥成分跟我們一模一樣，因為價格成為顧客唯一的決定因素。我們說我們的藥比較便宜，競爭對手說他們的藥比較便宜，結果雙方都沒有說錯。要看顧客如何購買，兩家製藥公司都可以說自己比較不貴。

　　我要手下的業務代表一家一家訪查阿拉巴馬州境內的藥局，問對方：「如果一次拿一個月的藥，哪一種比較不貴？不要問多少錢，我們沒有權利知道藥局賣給顧客多少錢，但我們有權利知道兩種藥之間是否有價差。」

　　我要他們記下每一家藥局的回答，因為我想明確知道我們在哪裡具有價格上的競爭優勢，在哪裡沒有。我也想知道藥局之間的價差，當然了，我明白有些藥局會說，有些不會。

　　後來我們得知，如果病人付現買一個月的藥，有七成的藥局認為我們的藥比較便宜。之後我去拜訪醫生時，我會問：「既然都是一樣的藥，價格對你的病人重要嗎？」你大概猜到了，醫生會說：「當然重要。」

　　我會繼續問：「你最關心哪部分的價格？對藥局而言嗎？」（兩家製藥公司都宣稱自己的藥對藥局而

言比較便宜。）「或者是對病人而言？」每一次我得到的答案都一樣，醫生都會說：「藥局付多少錢不關我的事，我在乎的是病人要花多少錢。」

然後我會告訴醫生：「要麻煩你做一件事情。請你打電話給十家病人最常去拿藥的藥局，然後問藥劑師：『如果是拿一個月的劑量，這兩種藥哪種比較便宜？』這十名藥劑師的答案就是你小型市調的結果。到時候你就不必聽我說我們的藥比較便宜，你也不必聽他們說。可是我們自己已經調查了，所以我知道在阿拉巴馬州七成的藥局裡，我們的藥對病人而言比較不貴。如果你找人打電話給十家藥局調查結果，我會請那個人吃午餐。如果發現我們的藥在七成的藥局裡比較便宜，我會請你們辦公室裡所有人吃午餐。」

到了年底，我們辦公室是公司七十個分處當中唯一勝過競爭對手的。我們的競爭對手在阿拉巴馬州擁有兩倍的業務人員，但以全美國而論，我們公司只有在這區比的市占率比他們來得高。原因在於，我們知道什麼對顧客最重要，之所以可以信心滿滿走進醫生的辦公室，乃是因為我們知道我們的藥在七成的藥局裡對病人而言比較便宜，同時也知道價格是顧客首要的考量。我們樂見醫生自己去進行調查，如果事實證明我們比較貴，我們也願意放棄市場。

　　這個例子還有一個重點：世界上沒有等同的產品。就算化學成分一樣，或者功能、優點、價格、服務、便利性一樣，這樣的產品仍然會有獨特之處能夠吸引某些顧客。理想上，產品會具有幾項獨特之處，由行銷部針對潛在的顧客主打這些獨特之處。然而，這並不是一個完美的世界，因此你可能必須要自己找出那些獨特之處，然後傳達給潛在的顧客。我會在第七章說明如何完美呈現出產品的獨特之處。

　　除了全景之外，業務人員還必須了解顧客在企業環境當中面臨哪些問題及挑戰，方法是鼓勵顧客詳談。為了要出類拔萃，你必須追尋這個層次的知識，無論你銷售什麼，幾乎都是如此。大多數的顧客會希望看到你對他們的企業有興趣，希望你跳脫狹隘的產品或服務，涵蓋到更大的範圍。

　　幾項銷售出發點的法則都強調要事先設計好問題，進而營造良好的環境。要做好準備，知識絕對不可或缺，你所提出的問題應該要能夠鼓勵顧客或潛在顧客，多方面談論他們的運作。問題設計得好不好，主要在於你的知識，你對情況越了解，你的問題就越能一針見血。你的知識讓你能夠聚精會神跟潛在顧客互動，從中聽出更多重點，應對時更能將心比心。你更能掌控自己，更能順利推動談話，因為你不怕被問倒，然後你必

須適時行動,善加利用所有的資訊談成交易。

知識來自許多地方,例如訓練、工作經驗、他人的經驗;另外,求知慾也會促成你自學。只有當你對知識抱持正確的心態時,你才有動力不斷吸收新知,不計較犧牲,一步步成為銷售高手。

這樣的犧牲,有人說「焚膏繼晷」是成功的關鍵之一。要博學多聞,成為顧客的資源,你必須願意付出代價,有可能不痛不癢,只要少看電視就好,也有可能很辛苦,繼續求學深造。

豐富的知識有如催化劑,協助你清楚傳達訊息、建立良好的業務關係。現在就下定決心好好培養你的專業知識及能力。

心態篇之二:傳達訊息,你如何表達

在顧客面前做到有效銷售的第二要素是傳達訊息——你說的內容和說的方式。如馬克吐溫所言:「關於用字,『正確』與『接近正確』之間大不相同,就像閃電蟲(螢火蟲,lightning bug)與閃電(lightning)之間的不同。」

你的發言是否有效也涉及到你跟顧客的關係,在理想狀態下,你的發言會促使潛在顧客開始用新的方式

思考。訊息的傳達在於有沒有效，所謂的有效是指能夠
激起買方的求知慾；因為他們透過你的言行舉止，得知
你能夠協助他們有所成就，所以想要了解更多。他們想
要了解你的觀點，而不是巴不得你趕快閉嘴，不要再向
他們推銷了。

　　你在銷售過程當中所傳達的訊息未必要照本宣
科，它不見得是一套你事先設計好、背得滾瓜爛熟的話
術，然後無論潛在顧客是誰，你都拿出同一套官方說
法。要有效傳達訊息，你必須在對客戶開口之前就先行
佈局。你要準備內容，以期刺激對方思考，跟你展開一
場有意義的談話；同時你還要營造良好的氣氛，讓對方
能夠放輕鬆，不覺得有壓力。這當中牽涉到幾個元素：
發問、開場白、觀察、要求、陳述事實，以及有時候包
括意見。（例如第一章我曾提到，BMW的銷售員坦言
我應該繼續支持Infiniti，不要換成BMW，這就是表達
意見。）

　　事先做好準備，你就能替不同的潛在客戶量身打
造最適當的銷售台詞。許多公司都會犯的錯是，教導業
務代表帶著同一套說詞去開發客源，這是危險的做法，
成功率也不高。丹・魏爾貝克（Dan Weilbaker）是麥克
森製藥集團（McKesson）的銷售學教授，任教於北伊
利諾大學，他告訴我，他跟其他老師都會對學生談到制

式化的銷售台詞:「不理想,因為制式化的銷售台詞,並不是替個別的顧客量身打造的。另一方面,我們每個人的頭腦裡都有許多小小的錄音機,好像一個個事先錄好的聲音位元,但最後會以不同的組合從我們的嘴巴說出。如果是一個你熟悉的主題,你的言語就具有說服力,有時候連你自己都會感到意外,噢,我怎麼會說出這樣的話?其實那是因為你已經經過千錘百鍊了,即使你的溝通方式每次都或多或少有差別。它不是照本宣科的東西,而是你在腦海裡演練過的,因此你講的東西可以一針見血,不用在顧客的面前苦苦思索。」有效的銷售發言必須顯得自然。就算你選擇用腳本或筆記,你也必須要將它內化,變成可以靈活運用的東西,讓客戶想要跟你對話。

如果我們不考慮客戶的立場,也不考慮發言可能造成什麼氣氛,那麼可能就會發言不當。關於失控的發言,麥可‧布萊里(Mike Bradley)有一個例子可以讓大家作為借鏡。麥可現在是匹茲堡德斯公司(Derse)的總經理兼母公司副董事長,主要業務是設計及佈置商展會場。有一次,麥可進入一家新公司擔任業務員,一開始他告訴行銷長:「如果我有興趣應徵業務員一職,想多了解一下公司,例如公司提供哪些輔助工具給業務員?公司要業務員進行的銷售動作有哪些?」

　　結果行銷長秀出兩百五十張的PowerPoint簡報圖給麥可看，內容包括公司的歷史、工作賣力的員工、曾經贏得的獎項、管理高層的背景、客戶名單，以及位於全國各地的分公司。麥可告訴行銷長：「你一定是在開玩笑。你要客戶一一看完公司這兩百五十張簡報，然後希望能夠引起對方的興趣？這是不可能的。」

　　麥可認為很不幸，有許多業務單位還是這樣的運作方式，它們以為公司的歷史及成就跟局外人有關。「這些業務單位不是由業務人員推動，而是由行銷人員。我認為有效的銷售必須結合良好的關係與適當的工具，協助銷售員在銷售過程當中訴說故事。當初我在做第一次的業務簡報時，已經把兩百五十張的投影片減到十八張。銷售的過程有個重點：盡量了解顧客；在踏入對方的辦公室之前，你要先知道什麼最可能令對方感到興趣；這對正式的簡報尤其重要。」麥可不但站在顧客的立場思考，在心態上也認為訊息的傳遞很重要，也因此他選擇針對業務簡報進行改變。

　　你的言語必須引起客戶的共鳴，而這當中包括發問。在拜訪潛在顧客之前，先想好你需要問哪些問題，以及你希望從這段談話得到什麼。每個問題都需要開場白，使雙方的心裡都感到舒服，例如「你介意我問……嗎？」或者「現在我們方便談……嗎？」陳述

你的出發點，設計問題的內容，營造互信友好的氣氛，如此就可以傳遞高度有效的訊息，刺激顧客想要知道更多。

偶爾會有銷售員告訴我：「我很擔心自己的表達能力。我有知識，也在建立關係（或者已經建立好關係），可是大家就是不想聽我說話。」

我問對方：「你覺得原因是什麼？你如何跟顧客對話，舉一個實例讓我聽聽看。」大多數的銷售員講話就像個銷售員：「今天我想為您介紹……」或者「您有沒有想過……？」當你這個賣方聽起來太過制式化（好像在背稿子），對方當然就會擺出買方的姿態。這是第一個問題，很大的問題。

第二個問題，如果你的表達欠佳，很可能就是高估自己建立關係的能力。如果你跟對方的關係是互信且友好，或許有些人會覺得表達差並無傷大雅。所有的銷售員都必須記住一點：對話有意義，才有銷售；對話沒意義，可能還是會有購買的行為，但那不是銷售。

有效的表達意指展開有意義的對話，我把此定義為成年人對事實的討論，而我的同事麥克・麥坎里歐的定義是意義的自然呈現。我們的定義都強調兩個人的談話，不是一個人唱獨角戲。在有意義的對談當中，不可能只有一方在說，而另外一方幾乎沒在聽。

　　這裡的關鍵在於你的言語是否能夠展開對談，而且你必須相信這點。然而，根據我的經驗，十之八九的銷售員在表達能力方面都還有改善的空間。一般的銷售員在用字遣詞時都欠缺思考，他們可能不會隨便脫口而出，但說的話聽起來還是不夠周全，用字不夠精準，因此顯得無力。

　　根據銷售出發點的第七法則：「我要講顧客聽得懂的話，如此才能引起共鳴，使人信服。」如果我們總能看對時間、用對方式、說對話，我們的說服力就會大為增加，如此我們將賣得更多，成為更有效的銷售員。但什麼叫說對話？你要如何使你的言語總是符合你想要的效果？

　　關於銷售台詞，說對話是指結合對的出發點（前面已經討論過）與對的內容，而這樣的結合需要你從買方，而不是賣方的角度思考。

　　大多數的銷售員都想說實話，只有少數會睜眼說瞎話。但即使我們說的都是實話，在潛在顧客的眼裡，並不是百分之百可信。進一步來說，不可信就是沒說服力，無法征服顧客。有一個簡單的方法可以看出你所說的話具有多少說服力：你的市占率，有人購買就表示你具有說服力。

　　你說什麼很重要！你的發言會產生影響力，因此

如果你的心態是準備一套銷售台詞就好，那麼，你的成交率將大大降低。你要對顧客傳遞的訊息不是關於你的產品或服務，而是你想了解你的東西是否符合顧客所需。你在這樣的會面當中應該說什麼？如果會面是可以預知的，你就應該先花時間，想好怎麼樣的發言最能使對方信服。然而，我常常看到銷售員對用字精準度不夠，在準備不夠充分的情況之下，他們的發問、陳述及舉例都不夠有力。

我們大多數人平常不會沒事準備發言，因此這是需要練習的。這就像即興的演出，演員拿到要演的角色及場景，然後在現場想出符合該角色的台詞，帶出場景。厲害的演員會讓你覺得好自然、好真實。他們自然得好像沒有排演過，但其實他們早就排演過了，也許他們沒有排演過一模一樣的角色和場景，但練過幾百種其他的角色和場景，所以他們是準備好的。銷售過程也是如此，透過反覆的演練，你可以將想法化為自己的，不再是制式化的台詞，如此你就能做到有效的傳遞。

銷售員需要思考他們的發問能夠取得什麼資訊，還需要思考他們的用字遣詞能夠營造出什麼氣氛。選對用字，創造正面的氣氛，感覺對了，銷售過程也就相對順暢。你必須進行全面性的思考，這是你選對用字的唯一方法，如此你才能傳遞有效的訊息。

如果你希望顧客買你的東西，絕對少不了雙向的溝通。老套的銷售過程常常無法帶動有意義的對話，結果銷售員滔滔不絕自說自話，任由顧客被動的、有一搭沒一搭的聽，但事實上，你應該做到讓對方主動回應。記住，你要以對方為重，用對字，並且聽對方說話，確定你們有展開對談。當你準備好帶動這樣的互動時，成交率自然大為提高。相反的，如果你從頭到尾都在唱獨角戲，無論你唱得多麼精彩好聽，都不太可能成功結案。

心態篇之三：關係，你如何與人互動

我們要打造的第三個要素是關係。在關係方面，必須抱持這樣的心態：建立關係對你很重要。如果你不相信正面的顧客關係很重要，也就不會努力去經營。

大多數的企業人士都明白正面的業務關係可以幫他們做好工作。大多數的銷售人員知道良好的顧客關係可以幫他們提高成交量。事實上，良好的人際關係越多、越多樣化，無論你做什麼，成效都會越大。

絕大多數人們對人際關係都抱持著隨緣的心態，有就有，沒有就沒有。於私於公都更有效的策略，是以講求策略的方式經營人際關係，倒不是因為你想賺大

錢，也不是因為想得到成功，而是希望人生更加充實有意義。就許多方面來說，人際關係的質與量決定你人生的質。

如果你認為人際關係很重要，你就會用心拿出策略好好規畫。你經營的對象包括四群人：

1.在組織內對你的成功與否有重要影響的人：你需要這些人才能把你的工作做好。他們可能包括客服代表、倉儲人員、財務人員等影響到你工作成敗的人。這群人應該要多樣化，不僅限於你在業務部的同事，最好各個部門都有，越多樣化越好。

2.組織外有助於你做好工作的人：這群人可能包括顧客、經銷商、政府官員等，但他們不是公司裡的人。

3.對你的事業成功重要的人：這群人可能包括你的老闆、人力資源部主管、上司等公司裡的人。他們可以協助你認出好機會，因此需要用心經營跟他們的關係。他們也可能是公司外的人，例如教練、配偶或良師益友。這些人會跟你分享他們的經驗和見解，會誠懇指正你的錯誤，提供建言給你，協助你突破盲點，換個角度思考。

4.需要修補雙方關係的人：你認識這些人，他們是你已經疏遠的（通常是無心造成的）顧客（或之前的顧客）或組織，你想要或必須要跟他們重修舊好，才能做

好你的工作。你可能很幸運，沒有這樣的人際關係，但有可能他們其實存在，只是你不知道而已。如果你很清楚要跟哪些人修補關係，你會比較容易飛黃騰達。

　　經營人際關係的目的在於了解對方，說服對方視你為與眾不同、值得信任的專業人士，進而聽你說話。如果你幫人們得到他們想要的，你也會得到你所想要的，你會比較開心，你的人生也會過得比較豐富。因此，你在經營人際關係時可以是無所求的，你不必要求對方一定要有所行動。

　　記住，每個人都很重要，如莎莉‧古奇斯（Shari Kulkis）的座右銘，沒有所謂的「小人物」。這個詞令我退避三舍，「小人物」通常是指工友、檔案人員、接待員、行政人員等，也就是相對於管理層而言，這種階級心態是具有殺傷力的，不可不慎。

　　如果你認為人際關係的經營是長期投資，你就可以分到短期及長期的股利。大家會對我說：「你一直在談經營關係，可是那很花時間。」我要講的重點是，跟每個人建立關係並不花時間，一旦你開始把焦點放在他人身上時，收穫就會接踵而至。

　　你開始以他人為重，此時你會發現喜歡你的人更多，想要幫助你的人更多，他們想要聽你說話，這些都不是長期才會發生的，而是現在就發生的。但如果你很

自私，認為經營關係在時間上拖太久，你大概就不願意
去做，那麼你將沒有東西可以收成。

　　很可惜的，沒幾個人知道要如何用心建立、並定
期維繫正面的業務關係。大多數人都無法跟影響我們成
敗的關鍵人物打交道，也不知道如何改善陷入僵局的的
關係，當對方不喜歡我們時，只能感到束手無策，也不
懂得如何化敵為友。

　　正面的關係是所有企業的基點，意即跟顧客、供
應商及員工的正面關係。而管理顧問、會計及律師等企
業又特別仰賴跟顧客的關係。與此同時，各種人際關係
對各種企業都很重要，而業務範圍越錯綜複雜，人際關
係就越重要。

　　假設你已經擁有必要的知識和表達能力，而你又
跟顧客及潛在顧客保持友好的關係，那麼你幾乎可以無
往不利。反之亦然，如果你跟顧客的關係弄不好，於公
你很難把工作做好，於私你的生活也好不起來。

　　我要在這裡提三個關鍵：用心、講求方法、定期
去做。培養人際關係是一項人人可學的技能，你一定可
以精通這個過程，因為這當中只需要你的本能。第九章
有說明簡單的步驟，只要照著做，無論是於公或於私，
你的人際關係都會大為改善。

　　你的人際關係影響到顧客或潛在顧客聽你講話的

態度。你的工作做得好不好，別人想不想跟你交談是其中一項指標。如果你的人際關係佳，對方就會重視你的發言，知道你會分享的一定是重要的資訊。顧客和潛在顧客（跟所有人都一樣），不僅考慮發言的內容，也考慮發言者。當人們對你持有正面的看法，而不是冷漠或負面時，你在他們面前的說服力就大大提升。

當雙方保有正面的關係時，尊重、信任、友好立即顯現，這使你更容易展開有意義的對談。這種成年人的談話札根於事實，除非兩人擁有穩固、正面的關係，否則不可能展開這樣的交談。得以推動雙方對話的正是這段關係的力量，它也幫助你披荊斬棘向前行。

安森尼‧伊姆說他在銷售電訊設備服務早期時，剛好讀到《時代》（Time）雜誌的一篇報導，內容是關於一位華爾街的大人物離職後自己開了一家金融交易公司。這位大人物有著崇高的願景和偉大的計畫。「那是我的業務地盤。」安森尼說道，「可是我跟其他的業務代表分享。因為是我的地盤，所以我做了一些調查。」

安森尼了解到那位大人物、他的新公司，以及所在的行業，藉此了解對方公司想要做什麼、正面臨那些難題。有一天，安森尼終於得知對方公司打算將總部設在他辦公室附近。他開始前往拜訪對方公司，最後見

到負責電訊功能的主管。「我們處於劣勢。」安森尼說道，「可是因為我已經花了兩三個月的時間想這傢伙的工作，我把我自己當成他，後來見面時，我知道他發現我比別的業務代表更在乎他們公司，也懂得更多，這些都有助於雙方合作的關係。最後我們成功簽下這筆生意，負責該公司海外的電訊網路。」

後來，安森尼公司負責設置維修的大西洋網路故障，而備用的網路只達到三成的效用，造成安森尼的新客戶損失慘重，服務品質跌到谷底。「我的競爭對手比我的公司大多了，知道搶輸我們後，開始每天都去客戶的辦公司報到。」安森尼說道，「可是我也每天都去。因為我們一開始並沒有強迫推銷，而且後來的表現一直都很好，我們在乎客戶，認真聽他們的問題，我們只想做對的事，從頭到尾都支持他們，所以即使出了狀況，競爭對手仍然無法趁虛而入。」

因為安森尼證明他了解客戶的公司，所以他鞏固了雙方的關係。「我會到客戶的公司，一一解說他們購買的設備，並請負責的主管說明他做的每一件事情給我聽。我對客戶的一切都很有興趣知道，也許有時候太過頭了，可是重點是我人有出現，讓主管當主角，若有需要，他會在老闆面前美言幾句。」

三週半後，安森尼的公司修好網路，並且對客戶

做出補償。「事實是我們對他們造成了一點傷害，所幸
該公司還是選擇繼續支持。這說明一件事，如果一開始
不打好關係，雙方毫無信任可言，或者信任不足，或者
客戶感受不到你在乎，也就是說，如果客戶覺得你比較
在乎他們是否付得出錢，不在乎他們的生意，也不在乎
你能如何來協助，那麼你就是永遠處於風險之中。大家
了解凡人皆會犯錯，如果你打好關係，他們會對你比較
包容。大概一年半後，我升職了，將這個客戶交給另外
一名業務代表，後來發展得越來越好。但如果我們一開
始沒有打好關係，不可能會有後來的發展。」

尚恩‧費利（Sean Feeney）是Inovis的總裁兼董事
長，他說他的公司會分析每一次的失敗。Inovis提供軟
體網路及同步化服務，主要協助大型零售商及製造商管
理訂單。尚恩表示：「我們接單失敗的第一個原因是，
競爭對手跟客戶的關係比較好，或者我們之前沒有跟該
客戶合作過。所以花許多時間建立關係，對公司和業務
人員最困難的部分在於，必須長期經營夥伴關係，即使
雙方的合作還遙遙無期。尤其在每季績效的壓力下，要
長期打造彼此信任的關係顯得更加困難。」

安森尼和尚恩都指出業務關係對成敗的影響力。
他們同時也指出建立關係是需要時間準備的。安森尼
在跟客戶會面之前先做好功課，這直接催化了後來的成

功。他的知識在水準之上，於是成功的跟對方建立了穩
固的關係，後來順利度過難關。這就是為什麼穩固的業
務關係具有魔力。尚恩談到在合作之前先經營好關係的
概念。他的成功在於準備充足，重視長期關係的心態顯
然有好處，只有當你保持這樣的心態時，你才是真正在
投資關係。

激發信心與熱忱

我再繼續說明兩個相關的好處。如果你因為擁有
豐富的知識且非常會傳遞訊息，外加能夠打造關係，那
麼兩者結合起來，你就有了信心。

信心是無形的，但它卻能大大提升你的表現。有
了信心，你就能堅守你的原則去做事，總而言之，你越
不像個賣方，你就賣得越多。因為你已經做好萬全的準
備，如果產品或服務不適合對方，那也無所謂，你自然
可以找到別的買家。

第二個好處是當你有了知識，你進而對產品或服
務有了信心，你擅長於表達及建立關係，如此一來你就
會對你自己做的事情燃起熱忱。大多數的顧客對有熱忱
的銷售員都是肯定的。如果你想要實驗看看，不妨走一
趟蘋果電腦的門市，跟他們的銷售員談談。根據我的經

驗，每一個銷售員都對產品死忠支持，而那樣的熱忱在他們跟顧客的互動當中一覽無遺。

最強大的銷售是什麼？答案是結合豐富的知識、傳遞良好的訊息、正面的業務關係，這些會激發信心與熱忱，推動有效的溝通。不要誤以為這三者可以各自獨立，我再強調一次，它們是相輔相成的，彼此之間的關係密不可分，是一個影響另一個的，有如骨牌效應。當專業人士對自己及自己的工作抱持信心與熱忱，此時最能發揮強大的力量。

接下來，讓我們來談談一些經實驗證明有效的技巧，以及一套名為DELTA（激發顧客的興趣、展開有意義的對談、了解情況、訴說你的故事、請對方做出承諾）的銷售過程。

Part 2.

運用一套經過測試
且有效的銷售技巧

4

激發興趣，讓顧客聽到你的聲音

雖然市面上存在著許多不錯的銷售技巧，而且也都管用，但我們研發出一套簡稱DELTA的銷售技巧尤其有效。這套技巧特別強調改變，而所有的銷售對話中，其終極目標就是改變。這套技巧其實很簡單，可以運用在幾乎任何行業或銷售情況中，而且與另外兩大銷售成功關鍵，也就是心態和關係建立合併運用時效果更佳。DELTA的五個步驟即是激發（Develop）、參與（Engage）、了解（Learn）、訴說（Tell）及詢問（Ask）：

1.「激發」潛在顧客的興趣，讓他們願意聽你說話。

2.讓顧客「參與」一段有意義的對談。

3.」了解」潛在客戶的個別狀況／問題／困難。

4.當你清楚的明白你的產品或服務適合他們的個別

狀況、問題或困難之後，再「訴說」你的故事。

　　5.在適當時機「詢問」對方是否願意給予承諾。

　　由於這些議題都非常重要，因此每個主題都有自己的章節來進行討論。而我就從每一段銷售對話必須起頭的地方開始談起，也就是讓潛在客戶對你即將要說的話激發出興趣。

你說的第一句話最重要

　　如果人們對他人的第一印象真的是在初次見面後的三十秒至六十秒間產生，而且印象刻骨銘心的話，那麼你所說的第一句話，無論那是你第一次還是第五十次和那個人互動，依然是很重要的。用傳統的「最近好嗎？」或「你週末過得如何？」來開始一段對話，都不太能夠令人信服。這種枯燥乏味、大眾化的開場白通常是不被接受的，除非你和對方已經很熟，而且百分之百確定對方立刻就會認為你的問話很誠懇。在那種情況下，對方知道你是真心誠意的想知道他們的週末過得如何。但一般來說，「最近好嗎？」或「生意怎麼樣？」並沒有辦法激發出任何人的興趣。

　　了解第一句話的重要性，並且事先計畫自己要說什麼，是至關重要的。如果你知道和顧客的個別狀況

相關或有趣的事實，你要如何提起呢？你應該要說的是
那句，事先研究並精心策畫過的台詞，目的是引起對方
的興趣，希望對方的反應會是「真的啊！我以前都不知
道。那真有意思。」這是最理想的結果，因為顧客或潛
在客戶是否想要繼續產生互動或是結束，經常就取決於
你所說的第一句話。

　　激發潛在顧客的興趣有五大關鍵原則：

　　1.找出有趣的話題來展開對話。

　　2.用開場白來營造安全的環境。

　　3.在你開始銷售對話之前，先讓對方覺得這樣的互
動有價值。

　　4.幫助顧客／潛在客戶拉關係。

　　5.清楚的讓對方明白你需要知道什麼，然後設法找
出答案。

　　但是，究竟要怎麼做，才能夠將這些原則運用在
日常生活中呢？

找出有趣的話題來展開對話

　　如果別人不想聽你說話，是不可能賣任何東西給
他們的。如果客戶不想聽，就算是全世界最強而有力、
有價值、意義深重的銷售故事，也是枉然。因此你必須

先讓別人想要聽你說話。

　　讓別人想聽你說話是一種功能，證明你知道多少、你對於自己的所知表達得如何、你對於自己的所言多具創造力、你花多少時間策畫一段銷售對話，以及你在與潛在客戶和顧客對話時，表露出多少真正的興趣。

　　其中一個方法就是說些獨特、有趣、相關，而且是對方本來不知道的事。你可以在網路上做些研究，找出那些通常人們不會知道，但會覺得有意思的事實。如果你販賣的是和睡眠有關的產品床墊、發出舒適聲響的助眠機、阻絕光線的門窗產品或是藥品等，潛在客戶或許有興趣知道以下兩項發展，大幅改變了人類數千年來幾乎未曾改變過的睡眠模式：一項是1787年新罕普夏州康考特鎮的一位鐘錶商李維・赫金斯（Levi Hutchins），發明了歷史上第一個鬧鐘；另一項則是湯瑪斯・愛迪生（Thomas Edison）在1879年時，發明了暢銷的白熾燈泡。

　　如果你販賣的是憂鬱症用藥，而你對一位治療憂鬱症的醫師說，「我在網路上做了一些研究，才知道原來憂鬱症之父是誰。你們在唸醫學院的時候有學到這個嗎？」一般的醫生應該都會說，「沒有。是誰？」這樣一來，你就已經成功的利用這套說詞激發出對方的興趣。（答案是約翰・柏頓（John Burton），他在

1650年寫了一篇叫做《憂鬱症之藝術》（The Art of Melancholia）的文章，並且成為第一位造出「憂鬱症」（depression）這個字眼的人。）

重點是，這套說詞對顧客而言必須是有趣的，而非對方可能已經知道的事，而且必須是切題相關的。你不該沒頭沒腦的問，「你知道誰贏了1967年的美國橄欖球超級盃大賽嗎？」這種問題是不太恰當的，因為那或許和你的潛在客戶及銷售訊息皆無關。（如果有關的話則另當別論。）如果我賣的是影印機，我會想要知道第一個想出用機器複印東西的人是誰。如果我賣的是傳真機，我則會想要知道第一部傳真機的專利是在1843年發行。

如果我賣的是電腦，我會想要對比爾・蓋茲（Bill Gates）有全盤透徹的了解。因為比爾可以說是對個人電腦的普及貢獻最多的人。他之所以致富，不僅是因為他聰明，也是因為他的母親。我希望自己能夠告訴顧客他一生的故事，因為那可能會引起他們的興趣。很多人都不知道，美國四位首富當中，有三位並沒有唸完大學。比爾・蓋茲沒有唸完大學；甲骨文（Oracle）的賴瑞・埃里森（Larry Ellison）沒有唸完大學，而查特通訊（Charter Communications）的保羅・艾倫（Paul Allen）也沒有唸完大學。

當你告訴潛在顧客或顧客他們可能不知道的事，但那件事卻和你的產品或服務（或是他們的個別狀況）息息相關，他們通常都會認為那樣的情報是有益的。如果他們確實知道李維‧赫金斯發明了第一個鬧鐘，也可能會自豪的表示他們曉得這個事實。自己做一些研究，利用網路去找一些和潛在客戶的產業或企業相關的事實／統計資料／小常識，告訴對方一些既有趣又和你的產品相關的事實。另一種形式的研究則是針對一個相關議題，請對方提供意見或看法，讓你能夠在一個安全的環境中提及你的產品。問他們意見幾乎絕對可以引起他們的興趣，因為大部分的人都喜歡發表意見。關鍵在於不要讓潛在客戶覺得，你問問題的目的是要利用他們的回答，並且「賣東西」給他們。

當我告訴人們應該說一些有趣的事，他們經常以為是講笑話，或是說一些新奇、特殊的事，其實並不盡然。你可以說得有趣，但不一定要好笑，如果別人相信你是真心的對他們感興趣，通常也就會對你感興趣。因為，你的興趣會勾起他們的興趣，而光是憑你做了研究這一點，就可以看出你對開發新客戶的態度。

用開場白來營造安全的環境

有太多銷售人員在會面一開始總是喜歡發表這樣的訊息：「今天這場會面的目的是推銷。」他們使用的是大家一看就知道的銷售伎倆：「今天我想要介紹給您的是……」或「您有沒有想過……」或者，在零售商店中：「需要幫忙嗎？」或在電話上：「如果我可以幫你省下長途電話費，你會感興趣嗎？」所有這些說法傳達給潛在客戶的只有一個訊息，那就是老套的銷售手法：「我要告訴你有關我的產品或服務，希望你會買它。」這樣並不能營造出一個安全的環境，也不會引起對方的興趣。這只會讓潛在客戶變得警覺，並且對銷售壓力感到過度敏感。

每當我去拜訪客戶或潛在客戶時，我的銷售對談都是這樣開頭的：「我們和許多公司往來，而且對自己的成就感到自豪，但那並不表示適合你。因此，如果我要確定我們所提供的服務是否就是你想要的，唯一的方法就是先對你的狀況有更進一步的了解。在我開始告訴你產品有多棒之前，可以先問你幾個問題嗎？」幾乎每個人都回答道：「可以，你問吧。」

我通常會先問這樣的問題：「告訴我你是如何做到這個職位的」，因為我要他們談一談他們如何取得現

職。他們以前做過什麼案子？有些人的回答是一生的經歷；另外有些人則會說：「噢，我之前是達拉斯的分區經理，而現在我則是伯明罕的總區經理。」

讓對話繼續熱絡下去，我會說：「可以和我聊聊你的工作職責和內容嗎？」在得到答案後，再繼續問：「方便說說你想要在某個（某個我們可能都有共同興趣的領域）方面達到怎麼樣的成就。」

無論你的對象是一個人還是六個人，他們通常都會讓你問問題，你的目的是要幫助他們，前提是必須先了解他們的狀況。引起對方興趣的是源於你的客觀態度，因為你的開場白中就表明了，你不確定你是否適合他們。他們只需要知道你和他們所知道的一些公司有往來，藉此接受你所提供的服務是具可信度的，那並不表示你的服務是適合他們的，而你也已經這樣說過了，但因為你的服務適合別人，因此給了你進門的機會。

瓦萊麗公司（Valerie & Company）的瓦萊麗‧索科拉斯基（Valerie Sokolosky）說，每當她打電話給潛在客戶時（而且她總是用打電話的方式與對方初次聯繫），她會做的第一件事就是營造出良好的和諧氣氛，因此她總是會問一些簡單的問題，像是：「你何不自我介紹一下？」「你在這家公司多久了？」「噢，你一定目睹了不少改朝換代。」她想要先傳達很感興趣，然後

才試圖了解該組織的問題。

「如果我不讓顧客先覺得我在乎他／她，」瓦萊麗說道，「我就無法贏得顧客的心。客戶是否覺得我真的在乎他們的權益呢？之所以打電話給他們，是因為我認為我的服務可以幫助他們，但我總是說，『在了解貴組織的需求之前，先告訴我一些有關你自己，以及你在該組織所扮演的角色。』打從一開始就讓他們知道，瓦萊麗有可能是，也有可能不是合適的資源，但那也是我打電話的原因，目的就是要和他們一起探索這個可能性。」

瓦萊麗說一旦客戶認清自己的需求後，很少有人不買她的服務。「有一位客戶最近才告訴我，『謝謝妳總是有求必應。』因為我說承諾時候會回電，就什麼時候回電。她更邀請我在他們的內部會議上演講，因為我很適合。對我而言她是在說，不是我的服務很好，而是她覺得我很實在；除非我的服務可以符合她的需求，否則我不會賣給她。等到和諧氣氛營造出來之後（那是第一步），而他們也相信並且信任，我的可信度和專業服務就是他們所需要的（那是第二步），而這筆生意自然就會成交，無需多費什麼唇舌。」

然而，今日越來越普遍的一個情況，就是當你打電話過去的時候，卻被轉接到行政助理。碰到這種情

形，瓦萊麗又是如何處理的呢？她說如果那位助理真的想要幫助上司，而且想法很開通的話，那就沒有問題。「然而，你也有可能碰到一個非常喜歡掌權的人，而她可能會對你說：『噢，我現在只是在比較幾家不同的公司，必須比價後才能決定。』這一點就告訴你，他們在找的不是專家，而只是在找最便宜的。」

瓦萊麗說，如果碰到這樣的情形的話，就必須明白，除非可以直接和她的上司溝通，否則那位助理將會是守門人，而且絕對不會替你說話。「如果你沒有贏得她的心，她是不會繼續聽你說下去的。因為你只是眾多打電話來的人之一，無論你是誰，或是說什麼，你都無能為力。就算你每件事都做對了，如果你無法突破那道牆，你就是無法突破。」

處理這種情況的另一個方法，就是把守門人當成客戶來對待。當她發覺你和別人不一樣，對她的上司你也會營造出同樣安全的環境，你就有可能快速繼續前進。

在大多數的銷售情況中，自然會有一些壓力，因為你想要潛在客戶反應或思考的方式，可能是他們尚未完全考慮過的。營造出安全環境，目的就是要盡可能移除顧客所有的壓力，這樣他們就可以聽你說的話，清楚的考慮你所提供的服務項目。要做到這一點，必須傳

達出的訊息就是，這是一段銷售對談，並非以推銷為目的。在銷售對談中，兩個人或是更多的人對於一些實際議題和問題在進行有意義的交流，目的是想要從彼此身上學到東西，以改善當前的狀況。相反的，在傳統的推銷手法中，銷售人員只是在設法取得訂單罷了。

　　大多數的人都不想要和一個只想賣東西的人說話，無論那樣東西是一個產品、服務或是一種意識形態。然而，如果你採取的態度是類似這樣：「如果這符合你的需求（或能夠解決你的問題），你再買。但如果你沒有興趣購買，也可以直接告訴我。而且無論你決定如何，我都不會給你壓力。」許多人都會願意和這樣的人交談，即使這個人確實在賣東西。你加諸在顧客身上的壓力越少，就越有可能讓他們敞開心胸面對新的可能性，而那些可能性就包括你的產品或服務。

　　移除壓力最好的方法之一，就是問問題的方式。一般來說，銷售人員所學到的銷售伎倆，都是要他們問一個讓對方回答「好」的問題。事實上，有些作者甚至認為，業務代表應該讓人們很容易就說「好」。這些書中都在教業務代表，從一開始就一直問一些答案為「好」的問題，讓潛在客戶習慣說「好」，這樣一來，到最後他們也會對訂單說「好」。

　　我不同意這個說法。我相信一個優秀的銷售人員

（也就是了解將壓力從顧客或潛在客戶身上移除這個重要性的人），做法會完全相反。優秀的銷售人員會讓潛在客戶或顧客有機會輕易的說「不」。

問那些讓顧客能夠容易的說「不」的問題，優秀的銷售人員就營造了安全的環境，能夠繼續建立你們的關係。舉一個簡單的例子，每次我因為公事打電話給別人，我都會先問：「現在說話方便嗎？」我讓對方有機會很容易的告訴我：「不。」

如果他們說「方便」，那麼他們等於是允許我和他們對談，而我也知道他們願意聽我說話。我也用同樣的方法應對那些叫我一個月後再和他們連絡的人，我會先寄一封電子郵件給他們，或是留言說：「你要我過一陣子再和你連絡。我不知道你現在的狀況如何，或是公司業務的優先順序是否改變，我也不知道你是否依然對此感興趣。如果你的初衷不變，請打電話給我。」

這段留言中給了客戶兩、三個他們可以拿來搪塞我的藉口（「公司業務的優先順序尚未改變；我們依然感興趣，下個月再打來」）。我傳達給他們的訊息是讓他們可以好好的告訴我「不」。而他們所感受到的是，我沒有施加任何壓力，因此有一天當他們說「好」的時候，也會是真心的。

看看以下這個簡單的問題：「你想要星期四，還

是星期五見面？」

在典型的銷售情況中，人們通常都被訓練要問這種（強迫抉擇）的問題，來鼓勵潛在客戶從中選一天確定和他們會面。這樣讓他們根本無法「脫身」。當你使出這種手段時，大部分的人立刻就會感到壓力。如果他們在會面前就感到有壓力，你認為會面之後情況又會如何呢？他們有可能會敞開心胸聽你說話，還是會覺得需要保持警覺，以防你施加更多的壓力？

以下則是另一個問同樣問題的方法：「我們一起來看一下行事曆吧，我的時間還挺有彈性的，這個星期你哪一天方便呢？」或者，如果你要去對方那裡，就可以說：「十五號那個禮拜剛好會到你們那裡去一趟，哪一天方便見個面呢？因為我的時間還蠻有彈性的。」

問這樣的問題讓客戶有退路，給他們一個機會說「哪一天不行」。沒有強迫抉擇，也沒有壓力，這樣一來，你就營造出一個開放、正面的心理狀態，讓潛在客戶不會覺得被逼到死角。如果決定要會面，那也會是因為他們真的有興趣，而且想聽聽你能夠給予那些協助，而不是因為你硬逼的，即使你的手段相當巧妙。

葛萊普藩市（德州）一家行銷顧問公司Y 2 Marketing的里奇‧哈蕭（Rich Harshaw）用的手法更絕。他幾乎讓潛在客戶很難說「好」。從里奇用來訓練

內部員工的一捲錄音中，有一段是與一位房地產高階主管的銷售對談。該位主管研發出一套想要販售的軟體。這位潛在客戶想找一家能夠給他一些包裝選擇的行銷公司。里奇一開始就對那位潛在客戶說：「我要老老實實的把我所知道的告訴你。希望我說的話不會冒犯你。任何笨蛋都可以設計出一個商標和顏色。但關鍵是，有了商標和顏色後，你到底想幹嘛？」

客戶回答道：「你需要把產品包裝起來，裝在一個CD盒中，這樣才能賣這個產品。」

里奇說：「沒有人會在乎CD外殼長什麼樣子⋯⋯拜託，老兄，你想把所有的注意力都集中在建立一個品牌認知上，可是除非有人買你的東西，否則根本不會有任何人注意到什麼的。」

「嘿⋯⋯里奇，你的口氣不要這麼衝，我們應該專業一點，你這樣的態度是不行的。」

「我不在乎這筆交易是否成交。但如果你只想找一家廣告公司，幫你設計出一個商標認知的包裝，我已經可以預見未來會發生什麼事。你的期望會很高，因為它的外表看起來很酷。可是它根本『賣』不出去。這種事看多了，那種做法讓我覺得反感。」

里奇承認自己的做法十分挑釁，但他相信並不是每一個潛在客戶都可以接受Y2 Marketing的做事方法。

「我們公司比較感興趣的是改變傳統，而非迎合客戶。」總裁艾德華‧厄爾（Edward Earle）說道。雖然這位房地產高階主管最後並沒有買Y2的服務（但很多其他人卻買了），里奇表示，他並不後悔那麼做，「任何企業都應該要有信心，會有足夠的顧客群認同他們的做法，沒有必要為一位客戶而氣餒。」

我不會建議每個人都使用這種方法，因為你可能會帶給人傲慢和蔑視的感覺。乍看之下，里奇的做法似乎和我說的觀點，為潛在客戶和顧客營造安全環境相違背，但事實上它確實營造了一個安全的環境。它所傳達的訊息是，這段銷售對談是完全誠實的，在某些情況下，面對某些顧客，這可能是很有利的。無論那個環境是如何營造出來的，通常只有在一個安全的環境下，才有坦誠以對的可能。

在開始銷售之前，
先讓對方感覺到你的價值

另一個做法就是在第一次與對方會面之前，讓顧客和潛在顧客知道你可以幫助他們。讓對方感覺到你的價值有很多方法，但你需要養成習慣這麼做，而非事後想到才提起。

　　舉例來說，在報紙上看到某位潛在顧客的公司在獲利方面出現困難，而你剛讀了一本很棒的書，內容就是如何保留公司文化，但卻可以提高組織的獲利。要在會面之前讓對方感覺到你的價值，一個方法就是先寄那本書給對方，並附上一張字條說：「我在報紙上看到你們現在正在設法解決公司獲利方面的問題，我認為這本書對你會有很大的幫助。」這個概念是以一個不貴、出乎意料，卻又體貼的東西為出發點，對方不僅會珍惜，而且是在你確定客戶到底注重什麼之前，就已經知道什麼是重要的。

　　如果我知道客戶正在找訓練部門的主管，我會介紹合適的人選，藉此讓對方感覺到我的價值。如果我知道他們在找一位祕書、清潔工，或是兼職的簿記員，也會替他們介紹。醫生總是對於處理「醫療管理服務」感到頭痛。任何探討如何有效率改善醫療設施的品質方面的文章或書籍，對於醫師顧客而言，都可以帶來價值。對方不僅會感激你在會晤之前所提供的資訊，而且也會讓他們想要和你談話。他們想談的或許和生意有關，也可能和個人生活有關，而那可能是他們所面臨的任何問題。

　　我曾和一位潛在客戶會談，他的工作是為一家有五千位銷售人員的組織進行訓練，我去那裡不是要向他

推銷服務。而在這之前，我見過他一次，他告訴我有關他的工作，我也說明我們的服務項目，而他說他的公司在六個星期前剛開始實施一套改善銷售效能的程序希望我能夠過去看一下他們在做什麼，然後看看程序中是否遺漏了什麼。

於是在一次出差時，我挪出了一個半小時和他碰面。會面時我告訴他：「把你現在所做的程序告訴我一遍。」他說話的時候我一邊做筆記。當他說完之後，我說：「當你手下的人向你提出建議時，不要忘了這一點，還有這一點、這一點和這一點。」

在我們的談話中，他試圖要我把公司所提供的服務賣給他。我告訴他：「我現在還不想和你談這一點。」他想要知道為什麼，「相信我，如果你決定要合作，我們可以想出一個和貴公司組織功能相符的方法。但除非等到有這個需求之後，我是不會討論這件事的。如果未來有需求，就可以開始討論這個可能性。如果不認為這是迫切的需求，那麼你必須問的是，為什麼不是呢？他們可能會有很好的答案，也可能沒有，但你必須做出決定。所以，請你等到做過研究和評估，認為真的有這個需求之後再告訴我，你的組織有哪些問題是需要幫忙的。」

我告訴他說，需要先徵求組織同意，而他也確實

照做了。他的組織會說明問題的癥結何在，以及如何解決，身為該專案主管的他，工作職責就是要確保組織所提出的問題都是合理的。我試著告訴他以往的經驗，企業多數會忽略的一些問題，因此我建議他必須在討論時提出那些議題，但他依然需要讓銷售人員自己決定，如何從可能的選擇中找出適當的方法來解決。

他說：「我一直在想他們到底會說什麼。」

我說：「不要預設立場。等到提出問題之後，如果他們對於我們所提供的服務有需求，到時候再談也不遲。」我希望在讓他感受到我們的價值的同時，又不覺得我們是在賣服務給他。事實上，我真的不知道是否能賣給他任何服務。

他試圖把我們的談話轉成銷售，但我卻不肯讓他那麼做，因為那樣是不對的。如果我讓他把我們的會面變成銷售，那麼就是說一套做一套了。他尚未確認組織是否想要教導銷售人員如何建立更良好的業務關係，縱使他認為那很重要，但如果他的組織不相信，那麼無論我認為那有多麼高的價值，任何訓練都會失敗的。

正因如此，一個原本只是泛泛之交的人，卻變成了我的朋友。如果雙方供需確實相符，就算我不告訴他，他的組織也會自行做出決定的。一旦做出決定，部分原因也是因為我提供給他，我在銷售團隊效能方面的

專家意見，替他帶來了價值。

　　如果他打電話給我，我們的對談將會是有意義的。我會從廣泛談到細節：有多少位銷售人員、他們多常會面、他們做過多少遠距教學、他們如何運用訓練、訓練人員扮演何種角色，以及誰是決策者等，而我也可以藉此了解實際的情況、問題和困難。

　　讓顧客感覺到你的價值有很多方法，但你需要養成習慣這麼做，而非事後想到才提起。如果你給別人一個可以幫助他們的念頭或想法，你是絕對不會輸的，只要小心不要在同行間散播謠言。要提供價值，你就必須做研究，找出一個不僅會令對方覺得有趣，而且對他們也重要的議題。如果你可以找到對他們重要的議題，比起找出讓他們覺得有價值的事要容易多了。你可以在網路上找到該公司的資料仔細研讀，注意商業媒體對這家公司的評論，那可能不是這家公司的問題，而是這整個行業的問題。航空業在供應鏈方面可能有很大的問題，但你會發現醫療設備業卻有一套發展相當完備的供應鏈系統，因此可以指出，雖然產業別不同，但有些概念依然可以相通。

幫助顧客拉關係

你可以藉由把人介紹給他人來激發興趣。你可以這樣說：「有一天我開車時，突然想到了你。我在想你應該要認識某人，因為……」你的目的只是想幫助別人，而不是在試圖操縱別人。

一般人都會覺得那很有趣，因為回歸到人類的本性。人們都想要認識能夠在生活某個層面幫助他們的人，因此如果在想要引起別人的興趣，問問你自己如何幫助他們。或許可以幫助潛在客戶認識已經和你有下列三種關係的人：

1.在組織裡對顧客的成功很重要的人：這些人可以幫助顧客做好他們的工作，包括客戶服務部的代表、倉庫員工、財務部門的人任何能夠讓你工作得更順利或是造成阻礙的人。有時候，我發現一個旁觀者或許能夠看清，並且協助建立關係，而那是組織內的人無法看清，或是因為政治因素無法跨越的第一步。

2.組織外對顧客的成就很重要的人：可能是任何人，但卻不是顧客公司裡的人，這些人有可能是賣方、顧問或是媒體等。

3.對顧客職業生涯的成功很重要的人：這些人可能是在顧客公司中或組織外所認識的人，他們會與你分享

他們的看法和經驗。

亨利‧波茲（Henry Potts）是位於桑姆塞特市（紐澤西州）梅里洛顧問公司（Melillo Consulting）的全國銷售部經理。梅里洛是一家商業與科技系統整合公司，也是惠普（HP）科技產品的經銷商。他指出在業務中相當重要的一點，就是了解對方在組織中的人際關係。「在一個組織中有很多層級，而你所問的問題必須配給對方的階層，以及你預先已經知道他們的工作職責來發問。當你在面對一個客戶時，這一點是必須要小心處理的。舉例來說，如果談話的對象是資訊科技部門某個第一線經理級的人，那麼價值主張不應該是，如何降低營運成本或減少組織中的人力資源，應該朝著對方的興趣相符的議題來發揮。如果談話的對象是他的上司，或是資訊科技部門的主任，而他確實在整體預算上出了問題，那麼談話的方式也會有所不同，應朝不同類型的問題來發問。」

他又補充道：「在你開始對談之前，先對組織有所了解是很重要的。規畫會談的一個重要關鍵是，了解對方在該組織中的職位，以及他們的動力為何。」這方面的了解可以幫助你決定，應該替潛在客戶在個人和組織層面上拉出什麼樣的關係，而那對顧客來說會是最有意義的。

清楚的讓對方明白你需要知道什麼

如果想要增進並讓銷售互動更為成功，同時讓對方覺得你和其他銷售人員不一樣，此時應在兩方面做好準備：一個是會談的內容，另一個則是會談的狀況。所謂的內容包含準備要詢問、知道和討論的所有事宜。

狀況指的則是營造出來的心理環境，或情緒心境，讓你能夠成功的與其他銷售人員區隔，讓顧客想要快速的發展這種互動，甚至延伸雙方的互動。你的目標是經由關係的建立與可信的訊息，來營造並維持一個低壓力的環境。

在準備每一段銷售對談的內容之前，應該先問自己：我想要知道什麼，我又想要告訴對方什麼？因此必須做好萬全準備，討論關於你自己、你的產品、你的服務，以及你的產業方面的資訊。

事先準備好要說什麼和做什麼，就是在營造一個讓對方想要有所回應的環境。當信任與和諧氣氛都很強烈的時候，銷售壓力就會大幅降低。這個環境即前述所指的狀況──為潛在客戶營造出心理方面的安全感。從你開始說話的那一刻起，所營造的狀況可能讓對方感到自在，也可能讓對方不自在。當潛在客戶感到自在時，他們就會放鬆，以開放的心情來看待對談。

　　當你試圖想要說服、影響或銷售時，會談的狀況是很重要的。你想要潛在客戶和顧客覺得他們可以告訴你實話，可以把他們真正的困難告訴你，因為他們相信你真的想要幫助他們。同時，潛在客戶總是知道如果他們購買你銷售的產品或服務，他們也是在幫你的忙。

　　想要激發興趣，鼓勵人們聽你說話，不是因為你是對方忙碌的一天中的一個會面對象，而是因為你說的話不僅有趣，而且可能具有價值。不可否認的，事業的品質與顧客想和你談話的程度息息相關，而顧客想要和你談話的程度，則和你激發興趣的方式有關。

　　激發興趣一半要靠建立關係，另一半則必須了解是否該從討論私事轉移到討論公事上，所以必須比一般的銷售人員更進一步了解顧客，這樣你才能說一些有趣的事，讓顧客想要聽你說話。

　　想要成功的掌握會談的內容和狀況，你必須專注於建立業務關係，同時銷售產品。當關係越強，就越容易營造出良好的情境，更能夠正確評估內容而這也會讓其他銷售人員越難切進你的地盤。

　　在銷售的領域中，若能在強勢的內容和安全的狀況之間達到一個平衡，成功的機會就很大，因為人們都是在情緒的驅動之下決定購買，然後再用理智來證明自己的行為是合理的。因此你在會談中想要營造的狀況是

偏向情緒性的，而非邏輯的，環境越是開放坦誠，對方願意用開放的態度聽你說話的機會就越大。

　　或許需要花很長的時間去設計出一套說詞，來為會談營造出效果最佳的內容和狀況，但那也會加強銷售的效能。當你在準備開場白時，好好思考並規畫你的內容和狀況，這樣一來，你也會營造出更有價值、更成功的銷售互動。因為你打從一開始就激發出興趣，你的顧客和潛在客戶也會更想要聽你說話，而不是避之唯恐不及。事實上，他們也會更樂於和你展開有意義的對談。

5

讓顧客參與一段有意義的對談

　　DELTA銷售技巧中接下來的兩個步驟是讓顧客參與和了解他們的個別狀況，兩者是緊密相連的，事實上，還可以同時發生。但我認為有必要分開討論。一般來說，必須先讓顧客參與一段有意義的對談，然後才能夠了解他們的個別狀況。少了有意義的對談，就算對方下了訂單，但是卻沒有銷售對談。的確，少了有意義的對談，銷售人員是無法幫助顧客購買的。

　　有意義的對談，是成年人對事實的討論，抑或是一段有意義的自由交流。在這兩個定義中，都表示一段對話，是兩個人之間的來回交流，並不是一個人在講話，而另一個人禮貌的傾聽。這是與顧客有意義的交談有關他們的公司、他們的行業，或是他們自身方面的事。

　　有意義的對談是一個強而有力的概念，而且唯有

當我們知識豐富，與顧客關係穩固的情況下才有可能發生。在有意義的對談中，客戶會有安全感，而你也可以開放且坦誠的與對方交流，最後可能導致顧客決定購買。少了它，你可能會被對方踢出辦公室。

丹‧魏爾貝克（Dan Weilbaker）就曾經有過這樣的經歷，其目前為麥克森製藥集團（McKesson）的銷售學教授，任教於北伊利諾大學，職業生涯是從擔任製藥公司銷售人員開始，成為全國銷售和行銷部門經理之後，才進入學術界。在丹的職業生涯早期，非常盡責的遵從公司所有程序：到醫生的診所去拜訪，說這個、做那個的。他說：「我根本不在乎那些醫生關心什麼，我只想說我要說的話。」他去診所根本不是去對談的，更別提有意義或無意義了。他知道醫生和所有顧客一樣，都是大忙人，根本沒有時間和人閒聊。

有一天，丹拜訪的一位醫生終於受夠了。「他告訴我：『你根本不在乎我關心些什麼，你到這裡來只是想要推銷產品，而我一點興趣也沒有。滾出去！』對一個年輕的銷售人員來說，簡直是晴天霹靂。但那個經驗卻教了我一件事，那就是必須更關心顧客的問題，勝過我自己的問題。」

當你們之間產生「推銷員－買方」的關係，情況就棘手了。如果潛在客戶的警覺心真的很高，那就很

難說服他們購買任何東西。如果你無法營造出一個狀況和環境，讓顧客覺得安全，願意敞開心胸和你談話，那麼要進一步了解他們的個別狀況就更加困難了。如果他們無法自在的和你交談，是不可能主動透露任何真實資訊，幫助你了解他們的困難、需求或是欲望。

如第四章所討論的，必須從一走進對方辦公室開始，就盡可能為潛在客戶營造出最自在的氣氛，目標是發展興趣，開始並維持一段真正的對談，我再次強調，那應該是一段銷售對談，而非推銷。用不帶壓迫感的方式問開放式的問題，讓對方能夠真心的回答，過程可能有時行得通，有時行不通，但那是我們的目標。

有意義的對談是無價的

即使會面的目的不是當下立刻進行銷售，與顧客進行有意義的對談依然是相當寶貴的經驗，因為可以從中建立穩固的關係。有一天晚上，一位好主顧打電話給麥可・艾卡迪（Mike Accardi），麥可在曼菲斯從事的是包裝系統和材料的生意，而麥可的公司伍茲博（Wurzburg）也為他庫存了四十種不同大小的紙箱。這位顧客需要用到每一種大小的紙箱，但不想存放在自己公司之中。麥可每週會去拜訪這位顧客兩次，次日就把

下訂的紙箱運送過去。十五年來如一日,一切都進行得很順利,直到這位顧客和總公司中的一位主管捲入一場權力鬥爭。總公司開始找麥可的麻煩。五個月之後,他們發現可以在堪薩斯市買到四十款紙箱中的其中一款,而且可以運到曼菲斯來,價格比伍茲博還低。

「有一天晚上,我朋友在晚上九點打電話給我。」麥可說道,「他對我又吼又罵。他說:『我那麼信任你!當你是一輩子的朋友!真不敢相信你竟然欺騙我。』我說:『你冷靜一下,這到底是怎麼回事?』他立刻說出關於這一款紙箱的事。我說:『我現在不打算聽你說話,也不要聽你咒罵我。但我明天下午三點會到你的辦公室去。』」

第二天在顧客的辦公室,麥可請他到外面去喝杯咖啡。他覺得如果留在那位顧客的辦公室,是無法談麥可想要談的事,因為電話會一直響,也會一直有人來打擾。麥可對他朋友說:「昨天晚上的那通電話讓我很不好受。而我也不怕直接告訴你,首先,我不喜歡人家這樣咒罵我,掛上電話之後,我也沒睡好覺。因為一直在想:我是不是真的做錯了什麼?或者,如果我真的和你是事業上的夥伴,那我是不是忽略了什麼?因此昨晚我花了一整夜,盡可能思考過去十五年的關係。結論是,我並不後悔所做過的任何一件事,這些年來,我一直扮

演著你的存貨經理和採購代理人的角色。我是唯一你們用我才需要付錢的人，你不需要在我身上買保險，你不需要為我支付聯邦保險稅捐，我相信沒有任何人比我更努力為你們服務。」

麥可說完之後，那位朋友低下了頭，幾乎快哭出來。他抬起頭看著麥可，然後說道：「可是你不了解。我的工作就快不保了，他們拿你出來威脅我。」

當問及競爭對手開價多少，而那位顧客也告訴了他。伍茲博雖然是大盤商，但依然無法以那樣的價格買到那款紙箱，更別提還要把紙箱運到曼菲斯去。那位顧客接著問了一個合理的問題：「那他們在堪薩斯市是怎麼做到的呢？」

幾年前，全國各地瓦楞紙箱的工廠林立，加上生產過程的本質，製造廠一旦開始生產，除非宣告關閉，否則生產過程是停不了的。當時堪薩斯市就有好幾家瓦楞紙箱工廠，麥可顧客的總公司找到一家工廠願意生產那款紙箱，或許純粹只是為了要維持生產，因而也願意壓低價格。

麥可對他的朋友說：「現在我們來談紙箱的價格。為了取得低價，你必須在公司大樓中挪出一個四十呎貨櫃大的空間，資金也因此被綁死了大約六個星期。你會損失那筆資金的利息，你和我做生意，你只須支付

你所使用的,從來不需要擔心會缺貨。如果你沒有把下一批貨的到貨時間算好,結果臨時沒有紙箱可以使用,怎麼辦?堪薩斯市到這裡至少需要兩天的車程,如果他們遲了一天又怎麼辦?沒有辦法出貨的話,一天會損失多少錢?那是包裝的價格,而不只是紙箱的成本而已。」當然,在某種程度上,那位顧客同意麥可的說法,但那依然無法影響事實。麥可失去了那張訂單,不久之後,那位顧客也丟了工作。

然而,那位顧客稍後在肯德基州找到一份新工作,而且需要包裝服務時,把生意給了麥可,這個新客戶給了伍茲博足夠的訂單。如果少了有意義的對談,麥可根本不會知道當初到底發生了什麼事,也不可能接到後來在肯德基州的新業務。

要讓顧客參與一段有意義的對談,務必牢記以下的六個原則:

1.為會面做好萬全準備,不是因為那對你很重要,而是因為那對顧客很重要。

2.專注於對方的問題和考量,而非你自己的。

3.用言語來營造一個安全的環境;你的目標是了解顧客的狀況,而不盡然是讓生意成交。

4.鼓勵對談,不要讓自己聽起來像個老套的推銷員。

5.記住，所有的對談都必須是出於自願，而理想中的傾聽／談話比例應為一比一。

6.有意義的對談必須帶有目的，結束時你則必須做評估。

遵照這六項準則，就能夠成為有意義對談的專家，銷售得更多，而且在銷售過程中也更加愉快。

為會面做好萬全準備，因為那是很重要的

要展開一段有意義的對談，準備功夫是很重要的。必須在會議之前，盡可能多了解潛在客戶的行業、業務和狀況，讓對方對你即將要說的話感興趣。要做到這一點，就必須問問題，鼓勵對方想要知道更多，或是更敞開心胸與你分享事實。記住，人們必須先相信你是客觀的，而且沒有強迫推銷的企圖，才會想要知道更多。當我們的溝通變得可信，對談也會從普通的談話和傾聽，昇華到有意義的層級。要展現出客觀，必須認真的問顧客一些問題，試圖了解什麼是對他們最重要的，並且用心傾聽。你所提出的問題會刺激顧客用不同的方式思考，藉由不同的思考方式，他們的行為也會有所不同。而最能夠表現出不同行為的方式，就是購買你的產品或服務，因為那對他們是有利的。

　　值得注意的是，購買和銷售是兩回事。如果有一個人走進一家店買襪子，那是購買，不是銷售。他是去買東西的，沒有人向他推銷，或是跟他解釋不同樣式、顏色或大小的特色和優點。或許有個店員會帶他到展示櫃前，說明某一款的襪子有特價，但那依然不是銷售，而是購買。之所以非關銷售，是因為這筆交易並不需要個人之間的互動。

　　銷售越複雜，對談也就必須越有意義。銷售人員必須為每一段銷售對談做好準備，不是因為對自己很重要（雖然那確實具重要性），而是因為那對顧客很重要。提姆‧華克（Tim Wackel）過去曾任銷售部門主管，而今則是銷售顧問、講師兼教練。身為達拉斯市華克集團（The Wackel Group）的總裁，他通常會這樣開始一段銷售對談：「為了準備今天的會晤（或是，為了準備今天的電話會談），我花了一點時間，瀏覽了你們的網站……；看了你的個人經歷；……也看過前三季的業績報告。」提姆讓顧客知道他做過研究，而他打算說一些能夠激起對方好奇心的話，同時顯示出他對他們的興趣。

　　提姆說，「顧客必須做的第一個決定，就是這個問題是否值得討論。所以第一步就是要讓對方感到好奇，然後第二步是（而且那是馬上就會發生的；這些步

驟都是在幾秒鐘內進行的，不是幾個小時或幾天），展現可信度。因此第一個決定就是：這個問題是否值得討論？然後第二個決定則是：我要和這個人討論這個問題嗎？」

唯有當潛在客戶感到好奇，並認為提姆是可靠而且值得信任，銷售對談才能夠繼續下去。要走到這一步，必須先處理好顧客／銷售人員之間的互動步驟。若要人們在行動上與過去有所不同，他們必須在現在與未來用不同的方式思考，所以要刺激某人思考，必須先有對話，而對話的內容要夠挑撥、引起共鳴或是激動，令對方不得不發表意見。或是其中一方可能會問問題，因為相信對方也許可以提供有用或有趣的資訊。如果你無法讓潛在客戶或顧客參與一段和他們的實際問題有關的真誠交談，就不太可能改變他們目前的行為。倘若不能完全了解潛在顧客的真正問題，不但是在浪費他們的時間，也是在浪費自己的時間。為了避免這種情事發生，一定要在會面前做好準備。

有一次客戶打電話來，需要我幫忙改善市場占有率。該公司原本是市場的領導者，但近來的市占率卻頻頻降低，管理階層對此感到相當憂心，卻不得其門而入。

由於這筆生意對我們很重要，因此投入了五千美

元預先做市場調查，然後才前去與對方會談。我完全沒有把握是否會拿到這個客戶，但我知道如果毫無準備的話，是絕對沒有機會的。當我前去與對方會面時，不僅帶著很多問題，而且還有對方不知道的商業分析。市調公司找了十位原本使用客戶的產品，後來改換使用競爭對手產品的顧客，與他們交談並解釋更換產品的原因。

我們在會談中提出：「這些人是如此看待產品的，而他們又是這樣看待競爭對手的產品。」顧客對於市調所分析出來的結果感到驚訝不已，因為消費者並沒有聽到他們想要傳達的訊息，這讓他們知道在傳達訊息方面出了問題。我們之所以能夠營造有意義的對談，是因為做了萬全準備，帶著具獨創性的商業分析出席那場會談。雖然那只是小規模的抽樣調查，只有十個人，或許不能代表一般市場上的狀況。但有十個人都從一種產品換到另一種產品，而他們是這樣說的。有時候，提出的結果只是證實了公司主管自己的想法，但那也訴諸一件事，那就是需要外來的專家協助解決某個問題，而這也是為客戶帶來價值的方式。

藉由研究、取得商業分析、發問，以及與對方分享我們的分析結果，來營造有意義的對談，並不是把分析結果當成解決方式，而是利用這些分析來闡述一些公司經理或我們都無法回答的問題。然而，管理階層必須

找出這些問題的答案，才能夠解決當前的困境，而這也是雇用我們的目的。

專注於對方的問題和考量

要鼓勵一段有意義的對談，就要把焦點放在對方身上。他注重什麼？她喜歡什麼？他對什麼感興趣？不工作的時候都喜歡做些什麼？如果有時間的話，他會喜歡多做些什麼事？

這其實不是什麼祕密。如果你真心對他人感到好奇，只要認真的問對方問題，仔細的傾聽對方的回答，就可以和大部分的人對談（但不是每個人；少數一些人總是十分緊繃，因此他們連自己的問題都無法退一步好好思考）。

梅里洛顧問公司（Melillo Consulting）全國銷售部經理亨利・波茲（Henry Potts）說：「要讓對談有意義，談話重點必須放在顧客身上。顧客知道我為什麼來這裡，我也知道我為什麼來這裡，而我們的目標是建立一段關係，讓彼此都能分享有意義的資訊。他們或許對我了解不深，但在初次接觸時，並不是最重要的。」

在與他人初次會談中，亨利通常不會花太多時間談論自己或是公司，「雖然在會談中，多多少少會透露

一些訊息。」真正的目標其實是了解顧客。亨利把問題重點放在顧客企業的細節上，因為那才是對談的主題。他試圖將重點放在顧客企業的問題上，也就是該公司一直想要解決哪方面的問題？

其中，最重要的一點是：「讓顧客談論他們自己、他們公司的問題，以及他們在日常運作中所面臨的挑戰。能夠做到這一點，就可以與對方展開有意義的對談。或者，至少可以得知雙方的對談是否有意義。他們說的只是一般的訊息嗎？或者可以感覺到他們所告訴我的資訊真的有意義？」

傳統的推銷很少為顧客營造出自在的氣氛；因此通常也不鼓勵有意義的對談。一般的銷售人員通常都只是讓顧客／潛在客戶被動的傾聽他們說話罷了。當潛在客戶只是被動的聽你說話，銷售人員是不太可能交易成功的，因為潛在客戶根本沒有參與感。如果只是銷售人員在自言自語，即使是冠冕堂皇的自言自語，依然無法激發對方的購買力。就算對方真的買帳，那種「交易」通常也無法持久。如果銷售人員無法讓顧客認真思索談話內容，並且說服顧客相信他的產品是最佳選擇，那麼交易是不太可能成立的。

有時候，對談也可能會走入死胡同中。顧客可能一直推託，或是不同意你的說法，潛在客戶言不由衷的

重複公司狀況，你會發覺自己一直在繞圈子，根本沒有談到主題，這時該怎麼辦？

提姆·華克說：「目前我在生活上和事業上處世的態度都是如此：如果對談是不誠實的，或是對話不夠坦白，甚至好像有什麼事不太對勁，應該試著開門見山的問清楚。」

提姆通常會用以下的方法來說：「容我先暫時打岔一下。我很抱歉，因為我發現好像沒有和你產生共鳴，我們的對話好像有種氣氛，讓我覺得對你而言沒什麼收穫，對我而言也沒什麼收穫。首先，要請你原諒，因為顯然是我做錯了什麼。接下來我希望能夠獲得你的允許，讓我找出是哪一步走偏了，導致現在的談話不是你想要的，也不是我想要的？」

注意！提姆把所有溝通不良或誤解的錯都怪在自己身上，這是個好策略。他也提到，如果對談內容沒有意義，那對顧客就沒有收穫，。雖然一般而言你的時間比顧客的時間寶貴（假設你賺取的是佣金，而顧客是領薪水的話），但你的說法卻是你不想浪費顧客寶貴的時間。提姆根據經驗表示：「如果你小心的拿事實與對方對質，你一定會驚訝的發現事情會有什麼樣的結果。」和顧客的對談立刻就會變得有意義起來，而且屢試不爽。

營造安全的環境

安全的環境可以讓銷售的成功性大增。藉由你說的話來營造出安全的環境，這一點很重要，也是我再次強調的。此刻你的目標是了解，而非銷售；你只是在診斷，而非開藥方。你想要了解顧客的狀況，而不盡然是在進行銷售。在這同時，你也想要激發對方的思考能力，讓對方敞開心胸，考慮他們過去不曾考慮過的一些可能性。

有時候你必須會談幾次才能夠引領出有意義的對談，但如果你不準備，而且仔細考慮你的用字遣詞，那是絕對不可能發生的。很少有人會同意在銷售、影響或說服的過程中，談話內容是不重要的。唯有令人信服的字眼，才能夠改變人們的行為，而要令人信服，內容則必須帶有一定比例的情感和邏輯，它要完全合理。它可以經由他人的證詞、研究、經驗、廣受尊崇的第三方組織，或是以上四者得到證實；它可以引發思考，從動作產生行動，刻畫出一個聽者所熟悉的畫面；它探索的是一種需求，即使聽者本身都尚未意識到這份需求（我第六章會探討如何辨認顧客需求）。

因為字眼和先後順序都很重要，因此必須考慮同一個問題中的那些字眼，如何能夠為一個情況帶來不

同的影響。你可以問潛在客戶：「曾經參與過哪些組織？」這是一個很合理的問題。如果對方的回答是：「一個也沒有」，那麼不僅讓對方感到尷尬，同時那也不是你想要營造出來的狀況。

　　你想知道顧客在專業組織中的活躍程度（內容），但你也希望對方在你問完問題之後會有正面的感覺（狀況）。比較恰當的問話方法是：「你是否有時間參與任何組織？」這樣一來，讓顧客有機會回答「一個也沒有」，但卻又不會感到自己矮人一截。

　　製藥公司銷售人員經常問醫師：「安全性有多重要？」如果該藥品一般被認為是安全的，那麼醫師就會說不太重要。相較之下，如果銷售人員問的是：「安全性重要嗎？」即使是一般被認為很安全的藥品，醫師依然會說很重要。同樣的道理，「準時交貨對你而言有多重要？」和「準時交貨對你而言重要嗎？」這兩個問題之間的差別是一樣的。

　　如果你和一個與你關係不錯的人，在進行一段有意義的對話，而你不小心說錯話：「安全性重要嗎？」醫師應該要說，「是的，安全性當然重要，但這款藥品一般而言被認為相當安全。」你甚至不需要問對問題，因為你在進行的是有意義的對談，醫師自然會說出你想要聽的話。或者，採購代理人告訴你：「是的，交貨很

重要，但事實是，現在每家公司幾乎都是一天二十四小時、一週七天在工作。」

當你在進行有意義的對談時，顧客就會抱持開放的態度，樂意與你分享事實。他們想要了解你會提供什麼服務，因為你已經傳達並表露出目的——你真的想要知道你所提供的產品和服務，是否和對方的需求相符。他們在幫助你找出是否相符的答案，就算不相符，也希望你知道。

因為你使用的字眼如此重要，應該要試圖找出最令人信服的組合順序。

令人信服的字眼最佳例證之一如下：「在八十多年前，我們的祖先在這塊大陸上創設了一個新的國家，它主張自由，並且信仰一種理論，就是所有人類生下來皆為平等。現在我們從事於一場偉大的內戰，我們在試驗，究竟這一個國家，或任何一個有這樣主張，和這樣信仰的國家，是否能長久存在。」能夠寫出美國總統林肯蓋茲堡演講稿的人不多。但我們可以藉由使用同樣令人信服的邏輯、情感、從動作產生行動，來學習如何創造強而有力、具說服性的銷售訊息。

你一旦擅長於有效而持續引發有意義的對談之後，就可以更常讓對方產生參與感，進而銷售更多產品或服務。

以下是哈利・米爾斯（Harry Mills）在《有技巧的說服他人》（Artful Persuasion）一書中所提到一則故事，強調說對話的力量有多麼大：一位耶穌會的教士和一位聖本篤修會修士兩人都是癮君子。他們一天中大部分的時間都在禱告，但同時滿腦子也在想抽煙這件事。在討論過他們的問題之後，雙方同意要各自和上級談一談，然後告訴對方結果。

他們再次相遇時，耶穌會教士問了聖本篤修會修士會談的結果如何。「糟透了！我問修道院院長：『你願意允許我在禱告的時候抽煙嗎？』他聽到之後怒不可遏。因為我的不敬，罰我懺悔十五次。不過你看起來倒挺快樂的，發生什麼事了？」

耶穌會教士微笑起來，「我跟教區牧師說，『你願意允許我在抽煙的時候禱告嗎？』他不但允許我那麼做，而且還誇獎我。」

正因為用字遣詞很重要，所以兩個人一起想勝過於一個人枯想。把你想說的話告訴一個你信任的人，這樣就可以彼此學習領教。請對方給你回應：「你覺得這樣說合理嗎？這樣聽起來對嗎？」應該多練習問他人的意見，從你的同事、你的上司，以及顧問身上取得回應。你究竟想要主張什麼，以及該怎麼說才是最好的方法？

鼓勵對談

前述已經用五種不同的方式強調這一點，所以在此就不再重複了。

所有的談話都必須出於自願

記住，所有的談話都必須出於自願，因此妥善處理會談的內容與狀況，是非常重要的。要做到成功的銷售經驗，必須在整個銷售互動中不停的創造對談。有意義的對談能夠反映出你培養氛圍的能力，而有了一個好氛圍，你和顧客以及潛在客戶才能展開良好的對話。

在有意義的對談中，銷售人員的職責是仔細傾聽，並且掌握傾聽和談話的比例。最好的方式是，確保潛在客戶或顧客在互動時，至少有三成的時間是他們在說話。當兩個人在對談時，如果雙方的目的不同，或是銷售對談的重點意圖不強，那麼要這兩個人平等的發表意見是很困難的。然而，如果顧客真的很感興趣，你就可以輕易的鼓勵傾聽和談話比例為七比三或六比四的對談方向。身為銷售人員，你通常都是以假設或主要概念為出發點，在某些互動進行時，說話的人大多是你。但你想要的，應該是對方有所回應。

　　傳統上銷售人員的銷售方法，都是逼潛在客戶扮演買方的角色，而不是把他們當成想要和你說話的對象。如果你不開始營造一個讓有意義的對談可以萌芽的環境，那麼最後的結果也不太可能理想，因為對方會把你當成典型的銷售人員來看待。你將無法參與一段有意義的對談，因為對方心懷警覺，具防禦心，而且不想合作，而這也與你想要的結果背道而馳。

　　因此一個關鍵問題應該是：「你要如何讓人們想要聽你說話？」首先，必須讓顧客明白，你想要了解他們的觀點，而且沒有什麼比他們的想法更重要的了。接下來，問一些實際的問題，讓顧客想要真心與你參與一段對談。你所問的問題必須以顧客為重心，目的是取得真心、實在、誠實的回覆，同時不浪費顧客（和你自己）的時間。你不希望潛在客戶在聽到你的問題之後就跑了，只因為在訊息中透露你的下一步是打算賣東西給他們。你也絕對不能問那些聽起來不真誠，為了將對方導向你想推銷的產品而設計的問題。

　　有些銷售人員會問一些問題，誘使對方回答他們想要聽的答案：「如果我能夠告訴你每個月如何在長途電話費方面省下五百美元，你會有興趣嗎？」這種問題並不是有意義對談的催化劑，因為這種操縱他人的問題，目的只是逼對方回答銷售人員想要聽的答案。相對

的，你可以這樣問：「我可以問你一個問題嗎？當你或你的公司在選擇長途電話服務時，價格對你們而言有多重要？」這個問題不會強迫對方回答「是」或「不」。以下兩點也證明它營造出一個安全的環境。第一，你在徵求對方同意取得資訊；第二，你在詢問價格對他們公司的重要性，而非用計讓他們接受你的推銷。這種問題通常會引發對方的思考，進而鼓勵有意義對談的產生，你也會因此知道價格在客戶決策過程中的重要性。

有意義的對談必須帶有目的

　　銷售互動過程中，每個人都必須明白，有意義的對談必須帶有目的。如果可能和對方展開一段有意義的對談，那麼就必須先抱著這個目的去做。記住，如果你的目標是了解人們想要什麼，並且幫助他們取得，此時就必須先診斷，然後才能開藥方，這樣一來比較有可能展開有意義的對談，而非只是想賣出一樣東西。你的目的將會決定你要如何處理這段會談的狀況和內容。

　　有了適當的目的，也就是想了解我的公司和服務，是否能為潛在客戶帶來價值，再加上全面的了解，就能夠輕易的問出很棒的問題，甚至於不需加以思索。我和潛在客戶的談話，就像和最要好的朋友在談話一

樣，不需使用那些用來誘使顧客說「好」的行話。相對的，可以專注在真正需要或想要的資訊上：對方可以告訴我什麼，幫助我了解我們的產品或服務是否在這種情況下適用？

在與潛在客戶進行銷售對談的初期，我表現得比較像是調查記者，而非銷售人員；等到後期時，我又比較像是顧問，而非傳統的推銷員。我不是去賣東西的，事實上，我的目的是想知道我的品牌是否能夠符合他們的需求。再根據客戶的需求，來明白應該如何幫助他們「看清／相信」我的產品或服務，會讓他們的狀況／結果／後果有進展。這也包括我偶爾必須孤注一擲，問那個最困難的問題，因為即使其他試圖和潛在客戶和顧客產生共鳴的方法都失敗了，我也沒有什麼損失。當那種情況出現時，也只有試著用最委婉的方式，問那個最困難的問題。

以下就是一個例子：「我知道要決定是否更換供應商很困難。但我真的覺得我們值得擁有一個為你們服務的機會，雖然目前似乎尚未達成共識。在這種情況下，問題通常出在我們公司的某個人惹你們不高興（那個人也可能就是我）；而我們的銷售訊息也尚未與你們產生共鳴；或者，你們已經和別的供應商有合作關係，而且很難解約。我可以請問以上的幾個原因是否屬實，

如果是的話，是否能夠告訴我應該怎麼做，才能夠爭取
到一小部分合作的機會呢？」

有意義的對談結束時，你必須進行評估

最後，有意義的對談結束時，你必須評估這段對
話是否成功。你是否按照以上建議進行，進而展開了一
對有意義的對談？你是否引發對方開始思考？傾聽／談
話的比例是多少？你是否掌握了狀況，營造出安全的環
境，讓顧客覺得自在並且願意和你對談？

安森尼‧伊姆（Anthony Yim）發現有意義的對談
長期下來，可以克服競爭對手方面的挑戰。安森尼的公
司接到一通電話，是一家著名的消費性產品製造商打來
的。那家公司正在規畫一棟新的總部大樓，而大樓是由
一位名建築師所設計，不僅採用最先進的設備，而且與
過去任何人的設計完全不同。他們想要一間未來意識的
辦公室，環保不用紙張，有最先進的通訊電信系統和網
絡。因為是新大樓，案子也相當大，而且潛在客戶當時
並沒有和安森尼的公司（一家電信公司）合作。

「很多人都告訴我，不該浪費時間爭取這個客
戶。」他說道，「顧客現在的合作對象不是我們，要把
別家公司換掉並不容易，之所以發出邀約，完全只是因

為需要兩、三個招標對象,只想汲取你的智慧罷了。而我的想法則是,試試看是否能夠和對方建立一份關係,或許可以聽聽我們的意見,聽聽我們的故事。」

安森尼說,因為尚處於階段初期,潛在客戶的高階主管認為,雖然已經有電信通訊供應商,仍舊想了解其他選擇。安森尼與他們進行了幾場腦力激盪的會議:我們可以在大樓外架設一個行動電話基地台,在大樓內就可以使用行動電話,也可以使用歐洲標準的通信設備,可以用各種最傑出的創新發明。安森尼又與他們會面了六、七次,討論各種想法,但大部分不是不切實際,就是根本行不通。「不過我還是專心傾聽,建立了有意義的對談。從來沒有想過要賣給他們什麼東西,因為雙方還處於腦力激盪的階段,而我也知道這些想法是不可能有什麼結果的,因為太不切實際了。」

安森尼帶著公司的人前去參加會議,也證實潛在客戶只是想標新立異。「最後顧客終於走出迷霧,意識到他們想做的一些事,其實只是天馬行空罷了。經歷了那段過程,同事們不斷的告訴我:『你知道嗎?這些人不像是那些會購買我們公司服務的人,這個案子可能很難成交。』」

打從一開始,大家就警告過安森尼,潛在客戶只是想要吸取他的智慧。另一位經銷商也告訴他:「這筆

生意是不可能成交的。我認識這些傢伙，光是在價格上就敵不過競爭對手了，而且他們也比較占優勢。」

由於安森尼知道他和顧客的對談是真誠的，他才能夠這樣告訴經銷商：「我不同意，我們投注了時間，也不認為競爭對手比較占優勢，他們只會試圖壓低成本，這樣只會吃光老本。」

當那家公司的新總部大樓開始成型之後，安森尼和他公司的工程師與顧客那邊的代表一起巡視了工地。「我們問他們：『這裡要怎麼弄？那裡要怎麼弄？』表露出對他們情況的興趣與關心，並且評估自己是否能夠符合需求。正因如此，我們有機會告訴顧客我們的故事，最後把顧客帶到公司的總部，讓他們好好傾聽我們的故事。然後再帶他們繞了公司一圈，並介紹主要營運內容，以及內部研發的過程。他們非常樂於接受，也覺得非常自在，有受到歡迎的感覺，而且很願意聽我們說。他們聽見也看到我們所提出的解決方案，當然也看到了優勢。」

但一段有意義的對談，以及之前的那些步驟，安森尼與客戶會談了至少十二次，都只是在為未來做準備，等到有一天大家都準備要正式開始談論細節時，便可以敞開心胸去做。「先有一段有意義的對談。」安森尼說道，「然後才能夠訴說我們的故事。」

達拉斯市瓦萊麗公司的瓦萊麗・索科拉斯基
（Valerie Sokolosky）則有過截然不同的經驗，也讓她
得到一個寶貴的教訓。

一家大型非營利機構的高階主管在找專業風度的
課程，也就是訓練員工如何在工作場所表現出專業風
範。瓦萊麗經常以這個專題舉辦演講，同時也寫了好幾
本有關專業形象和商業禮儀方面的書籍。潛在客戶和瓦
萊麗用電話和E-mail連絡了一、兩個月，顧客想要一份
特別為他們量身訂作的簡報，希望瓦萊麗的公司拍攝一
些刺青、人體穿環、七分褲的照片，穿插在瓦萊麗精心
設計的簡報當中。顧客也打算把瓦萊麗的簡報過程攝影
下來，存放在公司的圖書館中，這樣就可以成為未來員
工的資源。（而且，如此一來，他們也不再需要瓦萊麗
回來再做一次簡報了。）

「我們談得很愉快。」瓦萊麗說道。「我寄了幾
本我寫的書，而且比起我寄給一般人的還多。她上了我
們的網站，而我相信她也打了電話給其他人。」兩個月
之後，那位潛在客戶決定和瓦萊麗見面，出席會議的包
括顧客、顧客的上司，以及人事關係部主任。他們想要
瓦萊麗幫助員工在衣著方面更為得體。瓦萊麗帶了她的
書《何謂商務便服？請說明》（Business Casual, Clarify,
Please），並且告訴對方：「這本書淺顯易懂，如果能

夠在我演講的同時，發一本給在場的每個人，會是一項
既經濟實惠又有價值的資源。」

顧客很粗魯的打斷了她的話，「我們不會用妳
的書的，因為妳的書名叫「商務便服」（Business
Casual）。在我們公司，稱呼它為「商務合宜著裝」
（Business Appropriate）。」

瓦萊麗已經得罪了她，但自己卻不知情。她回答
道，「這一點我可以理解，而我也認為你們的用詞「商
務合宜著裝」相當貼切*，但我必須強調一點（這時她面
露微笑，用的是輕鬆的口氣），我不認為你們會在市面
上找到一本叫做《商務合宜著裝》的書。」

回顧這個經驗，瓦萊麗說：「那似乎毀了過去幾
個月所建立的和諧關係。當顧客打斷談話時，我沒有
注意到她的肢體語言和口氣。她其實只是在說：『我是
老闆，聽我說。』因為她老闆在場，所以她只是想要表
現一下罷了。可是我沒有注意到這點。然後她問了我價
格，聽到我的收費之後似乎有些驚訝。」瓦萊麗對於她
的驚訝也感到很驚訝，因為當初引薦瓦萊麗的那位高階
主管曾經表示過，她的價位是可以接受的。

那位顧客什麼也沒說，人事部主管什麼也沒說，
那位上司什麼也沒說。會議結束，瓦萊麗回到她的辦公
室，看到那位顧客傳來一封E-mail：「我必須去找找看

是否還有其他人提供這項服務。因為妳的價位超出了預算。」

那時，瓦萊麗說：「我已經失去了一段關係、客戶，甚至潛在客戶。」在評估究竟哪裡出了錯，以及為何他們無法展開有意義的對談時，瓦萊麗發覺她應該在過程一開始就先闡明，看看該組織是否有足夠預算。「因為我做了假設，再加上一來一往的溝通，似乎從來沒有想過要談價錢。那完全是我的問題，沒有在一開始就說清楚，後來去開會時，當她對我的書做出那樣的評論，也沒有看出她的心思。其實她只是一位年輕女孩，因為上司給了一個重責大任，要她去找人並且做最後決定，因此想要主導全局。」由於瓦萊麗做了假設而導致錯誤的後果，從此之後，她就相當重視有意義的對談。

有意義的對談可能是突如其來的，也可能需要花時間醞釀，沒有辦法知道它會即刻發生還是需要一點時間。當我開始創立這個事業時，有一次和一家計畫推出一項新產品的公司接洽，連絡的對象包括銷售與行銷部門副總、銷售部門主任，以及行銷部門的主任。在聽了該公司的簡介和計畫之後，問了一些他們覺得很難回答的問題。其中一個問題是：「要成功的推出這項產品，你們如何看待與潛在客戶與顧客的關係？」他們說那是成敗的關鍵。

我問道：「你們是否教過銷售人員如何建立關係？」他們說沒有。「你們的競爭對手關係如何呢？」他們回答競爭對手的關係很好。「你們請來了什麼樣的銷售專家，教你們如何和競爭對手打對台？」他們說沒有和任何人合作。我說：「你們預測這項產品可以帶來十億美元的營收，而你們卻打算拿這十億美元當賭注，認為你們三位能夠雇用一個銷售團隊，準備推出這項產品，同時確保銷售團隊可以擊敗競爭隊手？」

這個問題帶給他們足夠的刺激，於是他們要我單獨和銷售部門主任會談，因為他是最終的決策者。我們開了一個早餐會議，結果卻談了三個小時。他事後告訴我，當我們初次見面時，原本抱持著懷疑的態度，不過在我第一次做簡報時，他想道：這個傢伙是誰，竟然到這裡來問我們在做什麼？我也感覺到他的懷疑態度，因此決定我們需要再次會面，在一對一的環境下展開有意義的對談。我相信那是唯一能夠讓我拿到這筆生意的方法。

在三個小時的早餐會談之後，他說：「現在我更了解你之後，也明白我們根本沒有做好準備。」我評估需要與他會談以便了解他的需求（而非只是組織的需求），並且確保我和他的目標興趣相同，進而營造出機會，不僅展開了有意義的對談，同時也做到了生意，這

樣的評估就是成功的關鍵所在。

我們所問的問題，以及發問的環境，都應該要引起顧客的興趣，並且鼓勵他們坦誠的對話。優秀的銷售人員很早以前就知道，除非你真正了解買方的需求，否則你是不可能讓買方優先考慮你的。準備並且參與一段有意義的對談，能夠讓顧客對你刮目相看，也是成功的關鍵。唯有先營造出安全的環境，展開有意義的對談，你才能夠取得你所需的細節，以了解潛在顧客的狀況／問題／困難。

6

了解個別狀況、問題和困難

　　要了解個別狀況的最佳方式，就是在與潛在客戶或顧客會面之前先做功課。雖然這並非唯一的方式，但對他們的業務背景有所了解並產生共鳴，才能展開討論，並且明白個別狀況中的詳情。

　　我們需要找出潛在客戶究竟想要或需要什麼。他們自己清楚嗎？他們的需求是否夠嚴重，或是夠重要，足以讓他們願意加以面對處理？當你展開一段有意義的對談，而且談話是雙方面的，就可以開始試圖了解對方的個別狀況／問題／困難，而這也是DELTA銷售技巧中的下一個步驟。要做到這一點，最好的方式就是問問題。

　　過去銷售人員接受的訓練皆是問對方適當的問題。「你為什麼會失眠呢？」「你一個月出多少批貨？」「你對於目前的機器效能感到滿意嗎？」然而，

必須用謹慎的方法來探索潛在客戶的困難。當尚恩·費利（Sean Feeney）還是銷售部門的副總時（他現在是一家總部位於亞特蘭大的軟體公司Inovis的執行長兼總裁），曾經問過一位資深高階主管：「目前所面臨的難題是什麼？」

那位主管立刻怒髮衝冠。「尚恩，你知道嗎？你們這些銷售人員看的都是同一本書，都想要我告訴你們，我有什麼問題。如果我把時間都花在告訴你們問題在哪，那根本什麼都不要做了。我期望的是你們對我的問題有所了解，然後跟我提出解決之道。」

因此，如果你已經對潛在客戶的個別狀況／問題／困難有一定程度的了解，會很有幫助。華克集團的提姆·華克便說道：「當面對的潛在客戶是銷售部門的主管時，我會試圖分析令他們頭痛的是什麼問題。我不一定有辦法能夠取得特定的資訊，但或許能夠猜出一些可能性。由於自己也曾是銷售部門的主管，所有的銷售部門多多少少都會面臨一些同樣的問題。倘若能夠激發顧客的好奇心，進而產生共鳴，那就是一個起步。你所面臨的問題是組織內部的嗎？因為如果是的話，我們知道一些經證實可以帶來驚人效果的措施，也很樂意討論和分享。」

如果客戶想要與我們對談，也就表示銷售能夠成

功，那麼必須說一些扣人心弦、有趣、出乎意料、驚人的話，或是問很棒的問題。大部分的人注意力都無法集中太久，除非能夠吸引他們，否則很難有好的進展。在客戶心中，老套的銷售故事一點都不扣人心弦，但好問題卻可以抓住潛在客戶的興趣。設法讓他們去談論自己、他們的業務、他們的問題和困難，這樣一來，就可以抓住了他們的注意力。一旦做到了這點，就可以了解潛在客戶的基本狀況，進而知道大概在哪個方面可能會出問題。

運用你所營造出來的有意義對談來問問題，才能夠真正了解潛在客戶的欲望是否和你所能提供的相符合。在一段銷售對談中，問問題至少能夠達到以下三個目的：

1.好問題可以強迫他人思考。

2.好問題可以鼓勵對談。

3.好問題可以取得資訊。

爛問題不是讓人感到不自在，就是強迫對方回答銷售人員想要聽的答案。銷售人員經常問一些專門設計用來誘拐對方做出某種回應，進而讓顧客能夠發表推銷言論的問題。在「刺激－反應策略」中，銷售人員會問一連串讓對方正面回覆的問題，例如：「如果我可以教你如何每個月省下五千美元的運費，你會感興趣嗎？」

誰會說「不」呢？的確，顧客應該要養成說「好」的習慣，當問對方是否要購買時，也會得到一個肯定的回答。可惜，這種方法也會讓人覺得你在操縱他們，世故的潛在客戶更會感到厭惡，況且現在很多潛在客戶經驗都是很豐富的。

在與對方初次會面之前，先列出一張詳細的清單，上面列舉出所有你需要答案的問題，以決定這位顧客的需求是否符合你所提供的產品或服務。你的問題應該要建立在對顧客、市場、你的優勢與競爭對手的優勢這些層面的了解。我通常會花一個小時（有時兩個小時）列舉一些問題，評估潛在客戶是否適合我們所提供的服務，然後才去與他們會面。你必須設計診斷工具，也就是你專屬的問題，很多時候，銷售人員都忽略了這點。

讓我們詳細思考定義好問題的三個精髓。

好問題可以強迫他人思考

在理想的狀況下，你要問那種能夠強迫他人思考的問題。心理層面的自我探索在銷售及說服方面，是一項強而有力的工具。當有人問你：「你是哪裡人？」時，你不需要努力深思。但如果有人問你：「你認為政

府是否應該抬高領取社會安全福利金的年齡門檻？」你可能會需要思考一下。

好問題可以製造機會，幫助你了解顧客和潛在客戶的思考方式，而那些問題也給了顧客闡明思緒的機會（光是這一點就相當有效）。我們很多時候都問別人一些過去從未思考過的問題，或者他們從未以我們問問題的角度來思考。通常，我們的問題最有效的地方，就是幫助人們用不同的眼光或想法來看待事物。

北伊利諾大學的丹‧魏爾貝克（Dan Weilbaker）教授說，銷售課程中的學生都有一個傾向，即自以為知道什麼對顧客最重要，或者以為知道潛在客戶要找什麼或需要什麼，但卻沒有先試圖和客戶交談或問對方問題。「就像那句『人不可貌相』的諺語一樣。對一個初次接觸銷售的人或學生來說，這是必須克服的最大障礙之一。不要以為有產品知識，就知道什麼重要，以為自己可以賣產品，殊不知聰明也會被聰明誤。」

每個人都同意有產品知識是必要的，丹說道，那是基本的門檻。但它卻變成阻礙銷售表現的絆腳石，因為它會主導人們的行為，銷售人員有時候覺得因為擁有產品知識，所以知道什麼是重要的，而顧客卻不知道。

丹以IBM的故事來說明：「過去IBM販賣硬體設備時，一直扮演龍頭的地位，即使新的銷售人員也有令人

欣羨的好成績，然而好景不常，業績每況愈下，管理階層試圖找出原因，後來了解到銷售人員有個共通的毛病，即面對顧客就開始滔滔不絕介紹產品。」

話雖如此，卻還是無法賣東西給顧客，因為他們沒有試圖去了解顧客的個別狀況，彷彿在提供解決方案的過程中，完全沒有讓顧客參與。因為知道得太多，可以很快診斷出問題所在，但卻沒有邀請顧客參與，也沒有花時間建立關係，或是給顧客機會說話，因此銷售才會停滯。

這就是把重點完全放在產品知識上的危險，讓銷售人員誤解了知識的重要性，因此把產品知識看得比任何事都重要，以為可以忽視心態和商務關係，因為產品知識是如此重要，只要有它就夠了，那其實是錯誤的觀念。

當你準備要在銷售對談中問那些問題時，應該用刺激語和明顯的動機讓顧客敞開心胸。所謂的「刺激語」就是一些讓客戶感興趣的字眼，因為它們能夠產生相關作用，「刺激」你問問題。舉例來說：「上星期我看了一篇文章，讓我聯想到你可能在某方面有問題……」「我昨天和約翰聊天，而他說……」「我上星期去了自然歷史博物館，它讓我想到……」「我在網路上看到某個東西，讓我想到你是否曾……？」任

何激發你的觀察力,讓你能夠問顧客問題的事物,都算是刺激語。說得好的刺激語能夠激起對方的興趣,讓人想要聽你把話問完,然後照實回答。

明顯的動機在發問方面也是很有效,重點是要讓顧客清楚的知道動機,如果你明白表達出來,那可能會改變你的行為。有多少銷售人員會開門見山的說:「早安,A先生。今天到這裡來是要賣東西給你的,因為我必須達到這個月的業績?」相對的,像「我來這裡的目的是想要知道我們的服務是否符合你的狀況。」這樣的明顯動機不僅真心,而且也讓對方有參與感。

當你在策畫或設計好問題時,專注在三個主要概念上:

1.意圖、目的或出發點:我為什麼要問這個問題?答案幾乎一定是:試圖了解或找出可以幫助你(或顧客)明白你的產品可能符合顧客的慾望。問問題的目標是:讓雙方都有更深的了解,而了解正是這裡所指的關鍵。

2.內容:我究竟需要知道些什麼?通常你需要的是事實,或對事情的重要性／迫切性有更進一步的了解,或是兩者皆需要,這是很明確的。

3.狀況:銷售對談的最終目的,就是要相互告知事實。要讓顧客坦誠,最好的方式就是對他們坦誠,營造

出低壓力的環境，讓顧客可以安心的告訴我們想知道的事。要做到這點，最好的辦法就是對會談的狀況抱持謹慎態度，並多加留意。原因在於，我們說的話會營造會談的環境，問對問題也會讓顧客比較想要向我們坦誠。當你在策畫問題的同時，別忘了考慮你要如何以不帶威脅、安全的方式提出這些問題。

在金融服務業，「你的企業需要從流動資產取得好收益嗎？」這樣的問題，幾乎每個人都會回答，「是的。」但這個問題的重心是價格，除非你可以保證永遠可以提供最佳的收益，否則這或許不是最理想的問題。另外一個像是「立即能夠取用你所有的存款對你而言有多重要？」的問題就比較具思考激發性，而且著重的是服務。

在製藥界，銷售業務代表可能會問醫師：「你開藥的時候，最想要的是什麼？」大部分的醫師都會說，想要有效的藥，然而，所有的藥在某種程度上都是有效的，這樣的回答並沒有給你太多資訊。但是，如果你這樣問：「你真正想要的是一種最有可能成功的藥，這樣說公平嗎？」他們會說，「是的，那正是我想要的。」那和有效的藥不同，但大部分的醫師以前都沒有用這種觀點來思考藥物。

好問題可以鼓勵對談

　　好問題能夠鼓勵一段開放式的對談，這種問題的答案不是簡單的「是」或「不」，而且也不帶任何狡詐的假設。以下這個問題：「你還打老婆嗎？」是一個封閉式的問題，而且帶有惡意的假設：你打老婆，這是一個爛問題的最佳例證。

　　相對的，「你不工作的時候都做些什麼？」「你以前念哪間學校，而你又是怎麼選上那間學校的？」或「在你這一行，最令人感到挫折的是什麼事？」這些問題都是開放式的問題。雖然這些問題也都帶有假設，但這些問題並不得罪人，反而比較像是激發對談的問題，因為是鼓勵人們談論重要的事物。

　　馬文·伯斯（Melvin Boaz）說，如果銷售人員必須問潛在客戶的問題為何，「或許你不知道你的產品可以為他們做些什麼。」馬文是史密斯與奈菲（Smith & Nephew）的銷售部經理，主要販賣的是一個安裝人工髖關節的電腦系統，他說：「你必須了解產品或服務的價值主張為何。它通常只是幾項基本的解決方案原理，而從其他顧客口中也得知，它能夠解決那些問題。因此，你應該問的問題是，『你是否曾經……？』或『你是否有過……的困擾？』或『你目前是否有……

的困擾？』如果顧客說，『那正是我的問題之一。』那麼你很快就會有機會展開一段有意義的對談了。」

　　馬文認為，有時候潛在顧客並不知道他們出了問題。因此，銷售代表必須幫助潛在客戶認清問題，以及那在組織中代表了什麼，這時就必須靠問問題來激發思考。在企業對企業的銷售上，正視並解決問題代表的是省錢、賺錢或兩者皆是。同樣的，銷售人員需要花時間了解每一段會談中的公司或客戶，確保自己知道他們的產品或服務能為客戶做什麼，這樣才能夠幫助客戶認清問題。

　　由於馬文販賣的是，電腦輔助的安裝人工關節手術裝置，可以幫助醫師操控切口、定位，以及人工植體的大小，以便達到最佳醫療成果。他在銷售上遇到的困難是，外科醫師有時會說，自己的技術已經夠純熟了。「老實說，他們的技術確實很不錯。」馬文說道。他說發問的重點應該是，外科醫師是否認為在他們目前的手術過程中，是否還有改善的空間。「你必須想辦法有技巧的讓外科醫師明白這一點，而且要知道，外科醫師都是很有自信的。質疑手術能力是很敏感的話題，但如果只是問他們是否認為可以做得更好，就顯得不困難。」這個問題可以鼓勵一段有意義的對談，談論產品以及他們為何想要考慮改善現況。

　　潛在客戶經常不認為他們有任何問題，而這也就是為什麼銷售人員必須在每個銷售會談中，在某種程度上教育對方，但又不會讓人覺得在批評或說教。對此，馬文說：「方法必須具有相當的技巧性，試著拿其他外科醫師做例子。你可以說：『某醫生有過這樣的經驗，然後他又嘗試了這個產品，如果你認為可能會有相似的情況發生，是不是會感興趣？』這樣的討論就有可能會激起外科醫師的興趣。」

　　但有時候你所得到的資訊並不會引出下一個問題或機會，讓你能夠訴說你的故事，不過它確實帶出了下一個動作，幫助顧客朝購買之路前進。舉例來說，尚恩‧費利就從一位顧客身上學到，他需要先花點時間做實地考察，然後才能夠知道尚恩的公司所提供的產品或服務，是否真正符合顧客的個別狀況。

　　尚恩打電話給一位最近剛被升職為銷售部門副總的高階主管，當他與那位主管見面並準備談論銷售管理軟體時，尚恩這樣說道：「我們目前和這些公司合作，發現到有這些問題，這些問題和你們的問題相似嗎？」

　　潛在客戶回答道：「我們確實有其中一些問題，但我真正想要知道的是，你們會如何處理這些問題，以及你們必須自己找出答案，因為我沒有時間教你們。」

　　尚恩回答：「讓我去和你們公司最頂尖的銷售代

表談一談，看看現在外面的銷售情況如何，以及他們在哪方面需要幫助，然後我再回來告訴你，我們可以怎麼做。」尚恩在潛在客戶的協助，和潛在客戶公司最頂尖的三位銷售人員一起巡視全國各地。尚恩回來之後，對潛在客戶說道，「我看到了這個，發現了那個，我認為他們犯了這樣的錯誤，建議可以這樣做。」

五個月下來，有了外面實地考察所蒐集的資料，尚恩和這位銷售主管及他的團隊建立了良好的關係，最後拿到了這個案子。從尚恩身上可以學到的是，不只是賣東西給對方，而且還要帶來價值，無論是諮詢銷售，還是解決方案銷售，或是關係銷售。你不僅是以一個諮詢者的角色位對方帶來價值，同時也為對方提供了解決方案。」

尚恩又補充道：「關係銷售困難之處，通常是一開始要如何『進入狀況』，並建立和顧客的關係。要做到這一點，必須建立可信度，從他們的處境帶來一些實質價值或感同身受，然後提出解決之道。」

這裡有幾個問題。潛在客戶可能不知道出了問題，或是問題的嚴重程度。有時候，潛在客戶知道有問題，但不知道問題可以解決。潛在客戶經常不知道他們想要什麼，因為他們不知道他們有什麼選擇。有時候他們自以為知道想要什麼，但那其實不是最佳解決方式。

銷售人員的職責就是找出潛在客戶真正想要（或需要）什麼，然後推薦最佳選擇，而要做到這點最好的方式就是問問題，而非只是發表論點。

如果你問潛在客戶想要什麼，他們通常會回應，但大部分的人都不會知道他們有什麼選擇。因此，必須確定顧客了解你的論點、你的假設，以及它和其他選擇比較之下的結果為何。銷售人員的職責是幫助潛在客戶和顧客定義他們真正想要什麼。銷售人員經常以為他們知道顧客想要什麼（或是如果他們了解產品之後就會想要什麼），而答案就是他們的產品。

或許可以辨識潛在客戶說他們想要解決的個別狀況、問題或困難，但事實是他們根本不想要解決。或者，就算他們想要解決，也不一定是現在。（或許以後再說，但現在那不是最迫切需要處理的）。銷售人員在這個過程中必須了解的一點是，這個難題（或機會）似乎夠重要，以致買方必須現在就採取行動。如果不現在行動，要等到何時呢？

行銷學教授菲力浦・科特勒（Philip Kotler）和凱文・凱勒（Kevin Keller）指出，顧客的需求大致可以分成五種：指定需求（顧客想要一輛不貴的車）；實際需求（顧客想要一輛運作成本低廉的車，而非原始的購車價格低廉）；未明言需求（顧客期望經銷商提供完善

服務）；驚喜需求（顧客希望經銷商會免費贈送車內導航系統）；以及祕密需求（顧客想要朋友認為他們是精明的消費者）。銷售人員能夠透過問話找出越多的需求和欲望，並且提出解決之道，顧客也就越容易產生購買的意願。

採購代理人可能會說，他們想要的是低價，但實際上他們真正想要的，其實是準時交貨，或是99.9996%的可信賴性。價格總是一個考量，但價格通常需要看狀況背景來衡量。醫師經常說想要靈驗的藥，但他們真正想要的，其實是一種最有可能成功的藥。銷售人員的職責就是幫助潛在客戶了解他們有哪些不同選擇，然後展開一段與產品有關、事先規畫好的對談，以及產品如何符合需求，或是過去未被辨認的欲望，或兩者皆是。有趣的是，一旦顧客辨認出欲望和衍生出來的需求，答案通常就是你的產品。那也正是銷售人員最想要聽到的一句「這就對了！」因為此刻他們不僅賣出了東西，同時也被信任、有價值，而顧客都是想要擁有一段專業關係的。

你或許聽過「以需求為導向」這個說法。不要把這個概念和我所提倡的觀念混為一談。以需求為導向的體系教導銷售人員（問問題）來辨認潛在客戶或顧客的需求，目的是販售產品或服務以滿足特定需求。

　　銷售事實上是以欲望為導向的。個人需要食物、水、衣服和居所，一個企業需要產品、顧客，以及流通資金；個人和企業滿足需求的方式，都是透過欲望，而那也是比較特定的。我們或許需要食物，但想吃牛排、沙拉、壽司、烤豆子或糖果則是欲望。企業或許需要寄資料到全國各地，但想要使用聯邦快遞（FedEx）、郵局、傳真機或E-mail，則是欲望。如果企業對某個產品或服務沒有需求，它就不是潛在客戶，但建立需求只是第一步而已。

　　問題出在有太多組織和人們有需求，可是又不想尋求解決，或者至少不是現在。如果你不了解銷售其實是在解決欲望，你就不可能問對問題、找出欲望。你可以辨識出需求，但如果需求沒有導致重要的欲望，那就什麼也不會發生。

　　當你在幫助顧客辨識他們現在想要什麼，而非他們未來可能會需要或想要購買什麼時，你必須很有效率。有太多銷售人員經常要潛在客戶辨識需求，然後花很多時間試圖說服對方，但最後依然無法達成交易。為什麼？因為需求或許存在，但並非急迫。

　　身為執行長的尚恩・費利說，銷售人員經常給潛在客戶看投資報酬率（ROI），但由於對方的職階對該問題的關心度並不高，因此也不會感到切身之痛。「你

必須了解客戶的問題或需求，包括會談對象、他的上司、上司的上司，以及公司而言重要性如何。例如，我可以看得出一套新的財務管理系統對我們會有多大的幫助，但那並非對我們最重要的前五項優先考量，因此就算你是全世界最棒的銷售人員也於事無補。那可能是未來兩、三年以後才想做的事，所以到時候再說吧。」

銷售人員可以讓一個新系統、新製造機器，或是新郵件處理中心聽起來無懈可擊，但那是改變不了任何事的。尚恩說：「必須了解購買在對方心中所占有的優先地位為何，以及這個問題對你所會談的團體、部門或組織所造成的困擾有多大。一位員工或中階主管可能覺得困擾很大，但他或許沒有決定權。」要達到那個階段，唯一的方法就是問問題。

如果你賣的是價值一千美元的解決方案，用來解決洗手間水龍頭漏水的問題，那很簡單：讓我告訴你我如何能幫你每年省下五千美元。如果你賣的是價值四百萬，而且組織十六個月後就會消耗完的產品，那就困難多了。尚恩說道，「最容易販售的對象。就是那些了解自己想要做什麼，而且知道成功的模樣。銷售最大挑戰就是當公司知道自己有問題，但不知道能如何解決，卻希望你可以像變魔術一般替他們解決，那些人是最難販售的對象。容易的對象，也就是在投資報酬率上行得通

的，就是那些知道自己有問題，大概知道該怎麼解決，而且有生意頭腦知道要說：『好吧，我知道如果我現在花一百萬，接下來的三年可以省五百萬。這個問題夠嚴重，所以我們打算處理它。』」

好問題可以取得資訊

你必須從顧客身上取得一定的資訊，來決定你們是否合適。問題是，那是什麼樣的資訊，而且你要如何取得呢？我先前就說過，你必須先列出一張詳盡的清單，但取得資訊並非只是知道需要什麼功能。你需要確保自己問問題的方式，讓別人會想要回答你，如果他們不想回答你，就算給你事實和數據，也不會給你所需的資訊，更遑論展開有用的銷售對談。

你可以用問題來問出某人是哪裡人，以及他們在當地住了多久，了解他們在業務上的問題和困難，並且知道什麼對他們而言是最重要的。問題的價值不只是你取得的資訊，同時也包括問題所激發的心理狀態。如果你用適當的方法問問題，可以讓對方感覺到關懷和興趣，同時也會讓對方覺得你觀察入微。

問一個好問題是一種藝術，但你可以用兩種方法讓對方回答有用的答案：第一，當你和對方在一起時，

營造出舒服和安全的環境（也就是會談的情況），第二，用問題的品質加強安全的感覺，讓對方想要老實、坦率的回答。

要擁有真誠關係的唯一方法，就是誠實和公開，對自己所問的問題真正感到好奇，並且分享資訊，這聽起來或許太過情緒化和模糊，但卻不太實際。只不過，這對最終結果真的有用嗎？這可以幫助一位顧問或會計師帶來更多生意嗎？這可以幫助銷售人員賣更多嗎？事實上，答案是肯定的。

如果人們信任你說的話，信任你的意圖，是因為你很誠實、公開，而且願意分享資訊，他們就會願意與你合作，跟你買東西，考慮你提的意見。但要建立那份信任，必須確保你問的對象是不是真的想要回答你的問題，因為對方不一定想要回答問題。有可能你和對方見面的那天，他的心情不好，因此無法專心；另外還有一種人，無論你用什麼方式問問題，他們都不會回覆。

通常你必須先提供資訊，才能取得資訊。如果你把銷售會談當作審問，或是像在填寫市調問卷，你很快就會阻礙資訊的流通。對方的公開程度通常反映了你自己的公開程度。如果你不願意告訴對方你不工作時都在做些什麼，或是你念哪一間大學，或是你在哪裡長大，他們為什麼要告訴你？如果你攤牌，大部分的人也都會

攤牌；一來一往是必須平等的。

　　琳達‧穆倫是服飾直銷公司唐卡絲的銷售代表，無論是顧客介紹的，或是主動電話推銷的，她都會問問題。一般來說，顧客介紹的客戶都是「符合資格」購買那些衣服的女性。她們已經從琳達的顧客口中知道衣服的價位、風格，以及品質。當琳達打電話給一位她完全不認識的潛在客戶時，通常會先說：「妳好，我們以前沒有見過面，但我想看看妳是否會對我所提供的服務感興趣。我的工作是協助忙碌的高階職業婦女，而我在家中展示一整系列的服飾，打這通電話的原因是想看看這是否是一項適合妳的服務。」

　　如果潛在客戶的回答是肯定的，並且要琳達告訴她更多，琳達就會開始試圖了解對方的狀況：「讓我先問妳幾個問題。妳喜歡去買衣服嗎？」她們大都會說：「噢，我的天哪，才不呢！」琳達說她所提供的服務以及所代理的服飾，是針對那些沒有時間的女性而設計的。她告訴潛在客戶：「女性顧客會到我家裡來和我碰面，花一個小時的時間挑選衣服，而且她們真的認為我所提供的服務和建議，對她們有很大的幫助。妳是不是也願意過來看看這樣的服務是否適合妳呢？」如果潛在客戶說她感興趣，琳達就會問更多問題：「妳平常都去哪裡買衣服？妳都買哪個牌子呢？」

　　琳達告訴我：「我知道所有的品牌，所以如果她說的品牌比我賣的價位要低，例我的一組套裝大約是五百美元左右，價格也從那裡開始起跳，因此我知道她可能會覺得價格太高。如果她對我說：『我都去Casual Corner買衣服。』我就會告訴她：『我們的衣服比Casual Corner高檔一些。』我會告訴她們另一個較熟悉的品牌，讓她們知道從何比較：『這比較像是Ann Taylor或Jones of New York。妳會考慮多花點錢嗎？』有些會告訴我：『不，我還是比較習慣去Casual Corner。』但也有一些會說：『我雖然會去那裡買衣服，可是每次都找不到想要的。所以，我會考慮多花點錢。』」

　　當顧客第一次到琳達家去，她會盡可能去了解顧客的狀況，以及對服裝的需求：「告訴我妳是做什麼的。妳的上司是什麼職位？妳手下又有什麼人？妳多常出差？妳每季需要去參加多少次正式宴會？」以及最重要的問題：「妳去買衣服時最大的挫折感是什麼？」

　　最近，琳達認識一位女性，她是一家資本額八億美元的公司總裁，通常在Talbot's買衣服，而琳達認為那和她所代理的服飾相比，其實是相當低檔的產品。「但由於是她公司的兩位女性介紹她給我的，而且那兩位都已經跟我買衣服，所以她也聽說過我好一陣子，同

時也看過她們穿的衣服，後來終於決定來找我。在電話上我感覺到她覺得我們的價位過高，可是當她過來時，她說：『我習慣在打折的時候買衣服，可是我從來沒有辦法搭配。』我建議讓裁縫師到她家去量身改衣服，我則替她清理衣櫥，處理不穿或不再需要的衣服，並教她如何運用現有的衣服，搭配出最多的組合。」

琳達指出，「從現在開始，顧客已經知道這樣的花錢方式其實是更明智的。雖然一套唐卡絲的套裝可能比一套打折的套裝貴，但如果用穿過的次數來計算，它卻是比較便宜的，因為可以穿很多次。有些她在打折時買下的東西，可能只能穿上一次，就一直掛在衣櫥裡。買我的衣服，每穿一次花費減低了很多，而我的一些顧客都因此學到了一課。」

仔細分析琳達的方法，會發現她在一段普通的對談中，獲取了很多的資訊，表面上看起來不像在過濾那些女性，或是在盤問她們，此乃因為好問題可以獲取資訊，卻不會讓人覺得你在審問，而且好問題可以鼓勵對方誠實回答，**讓資訊變得有價值**。它讓你能夠延長對談，如果彼此真的符合的話，便能夠持續往銷售的過程走下去。琳達用聊天的方式獲得了許多資訊，幫助她帶領潛在客戶走向購買之路。

如果你正確的為一個問題起了頭，大部分的人都

會回答（但不是每個人都會回答，所以不是每次都管用）。在你問一個可能敏感或出人意料的問題時，想一想該如何起頭，讓它聽起來不像是先發制人或過於突兀。

　　所有的好問題目的都是要找出真實、坦誠、率直的答案。但那些問題通常必須用特定方法引出來，以便讓對方用真實、率直的答案回覆。因此，問問題的方式、選擇的語言，以及引導問題的方式，可能會大大影響答案的品質，應該用策畫重要銷售會談、評核考績或和上司會面的嚴謹態度，來策畫所要問的問題。

　　你不能走進一個會議，問一位素未謀面的顧客：「有什麼事是你想做，但卻沒有時間做的？」這是個很好的問題，而且可以讓你理解顧客的人格、個性，以及興趣，可是這種問法太唐突了。如果你這樣問：「你不工作的時候都做些什麼？」而對方說：「我無時無刻都在工作。」你就有機會可以說：「我知道那種感覺，所以經常在想，如果有時間的話，我會做些什麼。你有沒有想過你想要做些什麼，可是卻沒有時間做的？」如果你用這種方式發問，幾乎每個人都會回答你的問題的。

　　我懷疑那些不敢問別人私人問題的人，其實自己本身也不想和別人分享私事，因為他們在認知上是不協調的。他們不想問別人去哪裡度假，因為他們不想要別

人問他們去哪裡度假，他們不想問別人不工作時都做些什麼，因為他們也不想被問。

儘管如此，這種問題是可以幫助你與潛在客戶和顧客建立關係，同時了解他們的個別狀況。記住，一般銷售人員和優秀銷售人員的差別在於他們的心態、傳達訊息的方式，以及建立有價值的業務關係的能力（建立關係的方法會在第九章中討論）。

你問問題的品質與你企業的品質有直接的關連，因為除非人們改變他們的想法，否則是不會改變行為的。如果你的目標是讓對方做和目前行為不同的事，而這也是所有銷售的目標唯一的方法，就是改變顧客的思考模式。你必須做的不只是刺激他們的思想，你還必須讓他們對主題產生不同的想法。如果要那麼做，最好的方式通常就是問問題，而非只是提出論點。

但常常銷售人員都認為應該問問題來獲取資訊，找出顧客的欲望與需求。但事實上他們真正需要找出的資訊，是讓顧客本身找出自己的需求。這個區別是很重要的，你希望顧客會說：「我以前從來沒有那樣想過。」然後認出一項他們過去從未想過的欲望。

如果你已經建立了穩固的市場地位（這一點會在第七章中詳述），你就可以開始策畫問題，了解顧客如何看待你的地位。如果你的穩固市場地位在於，你的

公司是市面上唯一一家二十四小時送貨到府的公司，那麼你就必須問對方有關送貨方面的問題。但你不能這樣問：「快速送貨到府對你們而言重要嗎？」幾乎每個人都會說重要。相對的，你可以這樣問：「你們大概有多少比例的時候，絕對需要在二十四小時內將產品運送出去？」如果對方的回答是，「大概一半的時候。」那麼你就可以名正言順的要求對方給你一半的業務。

如果對方的回答是：「幾乎從來都不需要，那不是我們營運的方式。」那麼談論如何能夠在二十四小時內送貨到府，是無法說服這位潛在客戶改變購買行為的。那並不表示送貨時間並不重要，或是你不能拿這一點來區隔，因為你還是可以的。但這只是表示如果你把重點放在快速送貨方面，潛在客戶可能不會在乎。

除此之外，爛問題會對你的可信度製造出極大的障礙和損害。我們最近問了一位業務代表，她用什麼樣的方法面對潛在客戶，她回答：「我們的軟體有七種獨家的特點，而且在全球各地廣泛使用，同時又比競爭對手便宜，你有理由不使用我們的軟體嗎？」如果你是潛在客戶，會如何回答？如果你說「有」，對方就會和你爭辯。如果你說「沒有」，或許不是真心的，之所以會這樣說，目的只是為了要讓業務代表閉嘴。

事實上，她是在暗示潛在客戶沒有理由不買她的

軟體,但她要求潛在客戶敞開心胸不僅困難,而且也不公平,因為她的想法顯然是很封閉的。

當顧客或潛在客戶感覺你的心胸是封閉的,他們為什麼要對你敞開心胸?你問的問題和問話的方式,可以顯示出心胸是敞開或封閉,是否真的想聽對方說什麼。因此,應該避免那種一聽就知道在誘導對方的問題,因為那讓顧客很難回答,或是那些聽起來像在審問別人的問題。

用以下的建議來策畫問題,可讓你脫穎而出,並且讓潛在客戶把你當成資源。

花點時間把你的問題寫下來,然後才和客戶見面,並且用你的問題來找資訊,看看你的產品是否符合對方的需求。確定你的問題觸及那些引導個人和公司行為的熱門話題,問話所使用的字眼也必須是與決策過程的思路相呼應。最後,你問的問題必須找出資訊,看看那些和你產品相關的特點(特色和優點)在對方眼中有何重要性。

問題比單純的論點更有影響力。事實上,它們是銷售人員(以及教師)最有力的工具,在銷售的定義中銷售就是教育,問問題是最有效的辦法,可以幫助人們學習他們過去不知道的事物。藉由問問題,你真正在做的其實是讓顧客自己決定,你的產品或服務是否符合顧

客的需求。問題的設計是為了要激發心理層面的自我探索，讓顧客發覺你們確實符合需求。

在銷售過程中所問的問題品質也決定了你所屬企業的品質。你需要讓顧客在對談中有參與感，因為如果無法了解他們的欲望和你的產品或服務是否相符，而你又無法激發對方思考，那麼是不太可能做到什麼生意的。讓他人思考、鼓勵對談，並且取得資訊，從中了解雙方是否對味的最佳方法，就是問開放式、非主觀的問題，讓潛在客戶能夠自在的回答。

當你發覺雙方的想法是相符時，就可以開始訴說你的故事了。

7

訴說你的故事

　　有趣的是，雖然很多銷售業的人都不喜歡公司提供的腳本，他們自己寫了腳本之後，卻沒有發覺那依然是份腳本，只是不像公司給的罷了。本章的重點就是要建議一些幫助你改善的方法，即使是一份已經很不錯的腳本。

　　每一個產品或服務都需要在顧客和潛在客戶心中，占有一個有效的地位。在今天的市場上，大部分的銷售專家都同意，很少有顧客會認為，傳統強調「特色和優點」的銷售溝通形式很具說服力，也知道很少有銷售人員，可以在被要求站起來描述產品時，每次都能表達的十全十美。或者，他們有背好的台詞，但那樣的台詞通常也不是最理想的。因此，鼓勵銷售人員花心思，發展出自己的故事是很重要的。

　　所謂的故事，指的是一連串的邏輯，讓它能夠和

客戶產生共鳴，讓其可以了解你和你的產品真的與眾不同，而且符合他們的狀況。根據有意義的對談和你所問的問題，使你真的相信你們是相符的，你的客戶也覺得你們相符，現在該是你把一切串聯起來的時候了。根據他們所告訴你的，你相信你的產品或服務和他們的個別狀況或問題相符，而這正是原因。

　　這個故事需要扣人心弦、合邏輯，而且栩栩如生。它應該包括類比、趣聞或是經驗談，讓顧客能夠產生同感。理想上，他們會在你的故事中看到自己，所以你需要為你的故事建立原理，特別解釋你為什麼要推動這個想法。它需要明確說明為什麼你的產品或服務在這個狀況下，是最合適的。最後，它需要和先前你在互動中對顧客的個別企業狀況（在參與和了解階段）所得知的了解有所關連。

　　每項產品或服務或許都有三、四套故事，而任何一個故事你都應該能夠娓娓道出，因為對某一位潛在客戶適合的，或許對另一位並不適合。如果你只發展一套故事，那麼你可能會失去那些比較能夠認同另一個滿足他們欲望的顧客，要做到這一點，你必須先了解你可以說什麼樣的故事。對每一項產品和服務而言，人們都有幾個不同的理由會購買，你應該學習如何清楚、具說服力的訴說那些故事。

　　因此，要發展出一套強而有力的故事，可以使用六項原則：

　　1.你的故事應該要以穩固地位為依據，並且重點應該是產品的市場地位，而非與另一家公司競爭。

　　2.你的故事應該要結合事實、特質、優勢、問題，以及趣聞，必須清楚、實在、可以重複訴說，並且強而有力。

　　3.你的故事需要包含邏輯和情感。

　　4.你的故事需要以滿足顧客欲望為前提或假設。

　　5.你的故事必須幫助顧客看清一點，那就是和你做生意風險是很低的。

　　6.你的故事必須是真實的。

　　在本章中，會仔細探討這六項原則。

你的故事應該要以穩固的市場地位為依據

　　從銷售的觀點來看，穩固的市場地位指的是產品或服務的優勢，如果正確放在市場中，是無可爭議的。當產品的特色或優點以實惠的價格，完全與顧客的需求相符時，那麼你就擁有穩固的市場地位。當你與潛在客戶的關係不是那麼紮實時，穩固的市場地位是最重要的。如果顧客或潛在客戶與另一家公司有相當良好的關

係，那麼你的產品就必須比競爭對手的還要強。買方不僅得決定買你的，他們還必須向他們的朋友，也就是你的競爭對手解釋。

建立穩固市場地位的最佳例證之一，就是西南航空（Southwest Airlines），目前營運的航空公司財務狀況最成功的一家公司。他們把市場地位建立在卓越、平價、不花俏的航空公司。無庸置疑的，這個策略很棒，而且很成功。

身為銷售人員，該如何建立穩固的市場地位呢？應深入了解顧客，以及什麼對他們重要開始做起。你也需要詳盡地了解你的產品，以及它的每一項潛在優勢，無論是有形或無形的。不管顧客群有多大，如果你清楚的介紹你的產品或服務，並且好好定位市場，總是會有最具潛力（或合資格）的顧客想要購買你的產品或服務。

我們再進一步來定義。首先，考慮你的產品或服務的穩固事實，並且清楚的辨識每一項事實的定位。要做到這一點必須列出每一項和產品或服務有關的絕對事實。接下來，思考你的顧客有何需求，例如星期三交貨可能符合某一位顧客的需求，低價格則可能是另一位顧客的需求；第三位顧客可能想要特別訂作的尺寸，但並不在乎（在合理狀況下）什麼時候可以取貨。對那位顧

客而言，如果你總是能夠給他訂作的尺寸，而且在可接受的價格範圍內，這就是你的穩固市場定位。最後，清楚的闡明在何處使用你的產品是相當困難，近乎不可能的，以便思考並配合顧客的欲望。

在曼菲斯從事包裝事業的麥可‧艾卡迪提出一個相當有趣的論點：「在職業生涯中，我一直都在想是否能夠發展出一個獨一無二的產品或服務，這裡是你唯一能夠買到這項產品的地方，而且一定要跟我買。因為我用一輩子的時間在找那樣的獨家，而現在我終於有了，我不賣膠帶、包裝膠膜、紙箱、綑扎帶或標籤，那些產品都是我的顧客可以向其他商家購買的。當我和顧客會談時，我賣的獨家就是自己。我的顧客若要享有我的服務，就必須向伍茲博購買我們的包裝產品。」頂尖的銷售人員就是無形的優勢，為任何產品或服務添增價值。

每個產品或服務都有競爭對手。顧客每隔一陣子就必須做決定，看看目前的產品或服務對他們的企業而言，是否是最好的選擇。有些決定是以價格為依據，有些是以關係為依據，有些則是以特質、優勢、成本等因素的強力比較分析為依據。在這當中，顧客最終會決定是否要使用你的產品，還是別人的。

在許多行業中，顧客認為他們購買或使用的許多產品其實都是一樣的。當顧客認為產品相似時，他們就

必須看出銷售人員的不同點來做決定。因此，你真的必須表現出與眾不同。不是要過分強調細節，但銷售人員就是產品或服務的一部分，在理想的情況下，可以增添獨特的價值。

當然也可以不是。如果顧客認為每個銷售人員都是一個樣子，也認為產品大同小異，那麼購買就可能完全取決於價格，而此正是你最不希望發生的事。

有一次我問一位醫師，他開什麼藥方給糖尿病患，他回答我之後，又補充說代理這種藥給他的人是他高中時代的籃球教練。乍聽之下，我不太可能有機會賣產品給這位醫師，因為他和另一位代理商有一份長期的關係。因此，我用我產品的穩固市場地位為依據問道：「醫生，我在你的診所看了一下，發現有些病人好像沒什麼錢，你平常用這些產品做治療，有多少比例的人覺得一個月十塊錢是一筆大數目的？」

他說有一半的病患會這樣覺得。

我們所代理的產品和他現在所使用的相比，一個月可以便宜十塊錢，這是我穩固的市場地位的利基點。在那個情況下，我所代理的產品對於那些認為一個月十塊錢是一筆大數目的病患而言，符合了他們的需求，因為我用了「一個月十塊錢是一筆大數目嗎？」這樣的說法，讓醫生用不同的眼光去看他的病患，也再次驗證用

字遣詞的重要性。

　　一旦辨識出你的地位後，就必須清楚的將訊息傳達給顧客。藉由詢問醫生的病患來告知我方的價格與他人不同，也讓他開始思索確實可以用得上我賣的藥。在這個過程中，我也拿到了他一半的業務。

　　看看你手上的客戶，是不是該有的生意你都拿到了嗎？在你所有的潛在客戶中，是否擁有了相當大的比例？辨識出那些你應該要擁有但卻沒有擁有的潛在客戶，因為那些買主才是你比較有可能達成新交易的對象。問以下這些問題，來決定你在哪方面的定位是最強的：

　　1.對顧客而言，哪一項產品特質是你的最佳優勢？

　　2.潛在客戶最可能想要哪一種產品或服務？

　　3.你是否保護了你的定位，讓這個地位穩固？

　　4.你是否策畫了問題，讓顧客能夠用完全不同，但有意義的角度來思索你的定位？

　　現在你需要做的是，分析特定潛在客戶。你可以從哪一點來贏得他們的心？如果潛在客戶想要找的是低價位的供應商，而你正是低價位的供應商，但他們卻不知道，那麼你只需讓他們知道你的價格，你就能夠拿到生意。

　　大部分的產品或服務都一樣，有些層面是可以很

容易的贏得對方的心。技巧就是要辨識出那些層面，用扣人心弦的方式讓潛在客戶知道你能提供什麼，讓他們開始思考。一旦了解什麼對潛在客戶重要，發展出兩、三個強而有力的穩固市場地位，而且要完全符合邏輯。用這種方式定位你的產品，可以輕易的讓潛在客戶看清，你的產品就應該要使用在這個地方。這也給了顧客穩固的資訊，讓他們可以在組織中為這個決定辯護，同時如果競爭對手是他們的朋友的話，也可以站得住腳。

問問題是建立穩固市場地位最強而有力的方法，因為它們會讓潛在客戶思索你的產品。一旦問對問題，了解你的潛在客戶或顧客想要什麼，就可以提出你的穩固市場地位，他們會有所了解，同時也可以讓他們輕易做出購買的決定。

銷售是很困難的，而那也是為什麼當我們可以辨識，並有效的告知對方我們的穩固市場地位後，讓購買變得簡單。當顧客開始用不同的角度思索我們的產品，用無懈可擊的邏輯滿足他們的真正欲望，我們或許就利用了穩固市場地位成功的達成銷售。

結合事實、優勢等多項特點

在《說服：達到目的的藝術》（Persuasion: The Art

of Getting What You Want）一書中，作者大衛・賴卡尼
（Dave Lakhani）寫道：「許多人在說服對方所面臨的
挑戰是，沒有花時間好好思考故事內容。如果你想要不
被顧客或你想說服的對象起疑，那麼訴說一個架構良好
的故事是很重要的。你的故事應該要意境豐富，並且用
強而有力的動詞讓讀者或聽眾產生行動力。畢竟一張舒
服的沙發和一張堆滿雜物的椅子之間差別是很大的。」

我們都知道有些人很會說故事，有些人無論怎麼
嘗試都不會。大衛・賴卡尼用以下的步驟來訴說一個具
說服力的故事：

1.知道你的故事內容。你現在所訴說的故事，大部
分都不具說服力，原因是因為故事的內容沒有經過仔細
思索，而且那些經驗也不是屬於你的。

2.為你的故事佈局。一個具說服力的故事會根據以
下的形式來回答人、事、地點、原因和做法的問題：

・吸引我的注意力。你說的話必須強而有力，讓
十五呎外的人都會停下手上在做的事，過來聽你說話，
或是會拉長耳朵來聽。

・奠下基礎。包括任何顧客必須知道以了解故事
的資訊，告知他們過去所不知道的，並且提供足夠的背
景知識，讓他們能夠了解你在說什麼。

・吸引他們的情緒。讓顧客感到興奮，或是激發

他們的痛苦、渴望、欲望或傷痛……。用一些很難否認的論點，或是讓他們知道那可能會發生在他們或認識的人身上。我的同事麥克‧麥坎里歐就說過：「你要知道潛在客戶的痛苦，尤其是他們想要很快解決的痛苦。但你說的故事必須能夠消除或減低那份痛苦。」

　　‧列出證明。拿一個顧客知道的人來做例子，最好是一個和他們一樣的人，如果沒有這樣的例子，拿自己來做例子也可以增加可信度和證明。

　　‧回答他們的問題。提出至少三到五個可能會被問的問題，然後先發制人的回答。讓他們知道你是專家，因為你知道他們想要問些什麼。

　　‧給他們足夠的資訊，讓他們可以下你想要的結論。給他們夠多的細節，但保留一點點，讓他們有空間和你產生互動。

　　‧讓他們回應。顧客都想要知道你在說什麼，他們不想要猜測，所以你必須問他們的反應。現在他們已經聽過你的故事，讓他們給你更多資訊。

　　3.訴說你的故事。這是最有趣的一個部分，但大部分的人也都敗在這裡。回想小時候，有些人可以把故事說得栩栩如生，噴火龍讓你驚聲連連，落難少女的尖叫聲讓你耳朵發麻，伐木工人低沉的說話聲讓你嚇得發抖。你完全著迷，而且等不及要聽下一個字，當那個最

會說故事的人在講故事時，你會想要一直聽下去。

有說服力的人說起故事來，他們的肢體語言、語調、目光和情感都會深深迷住你。他們用情感擄獲你，用幽默讓你發笑，帶領你走向唯一合邏輯的結論。

賦予你的故事邏輯和情感

你需要非常清楚的闡明產品或服務和競爭對手不同的地方，若要善加運用這項資訊，必須使用邏輯和情感，在最重要的不同點上做出溝通。這一點是相當重要的，因為當你對顧客說，「這是我們產品不同的地方，而對你的個別狀況而言，這個時候是最重要的……」這裡所影射的是，有時候它們是不重要的。這是相當具可信度的論點，當你暗示說產品並非最棒、最新或是最厲害的，就建立了可信度，因為顧客原本以為你不會這樣說。

顧客通常都會從銷售人員口中聽到他們自吹自擂的絕對保證，而你也知道顧客通常是不相信那些論調的。他們接受的是實際、令人信服的話語。你應該這麼說：「這是我們和他人不同的地方，而這個不同處在什麼時候最重要？」然後立刻補充：「在這兩、三種情況下最重要，但在其他情況下或許沒有那麼重要。」

　　銷售人員經常不願使用這種語言，因為他們認為如果幫競爭對手的說好話，或是給了競爭對手市場地位，就會失去生意。但事實恰巧相反，當你認定競爭對手的強勢，所建立的可信度經常會讓你拿到更多生意，相較於如果否決競爭對手的強勢，尤其是當對方確實有那樣的市場地位的話。

　　這並不複雜難懂，如果你星期五不送貨，但對方卻送貨，而你是隔天送貨，包括星期六在內，而他們星期六卻不送貨，那麼你就可以對顧客說：「星期一到星期四以及星期六使用我們的服務，星期五則使用他們的服務。」如果顧客需要星期五到貨，那麼他們應該使用對方的服務。我沒有說你應該拿到所有的生意，而是你應該拿到你應得的生意。

　　應得的是什麼生意呢？這個問題的答案是你在穩固市場地位概念上所做的一切努力，以及你故事的發展，找出相符的地方，就是你應得的生意。

　　你的產品或服務與競爭對手的不同之處，不是因為你說了競爭對手的壞話，而是用光明正大的態度看待競爭。事實上，當有人說：「我用甲公司的服務」或「我用乙公司的產品」，你第一句話應該說：「甲公司是一家很好的公司，那項產品很不錯。」問題不是那家公司好不好，或是那項產品好不好。問題是差別在哪

裡，以及何時（或者是否）重要。因此，你接下來應該說：「我想要告訴你這項產品和那項產品有何差別，然後我們可以決定這樣的差別對你是否重要。」

當然前提是，必須對顧客的業務有相當程度的了解，因此可以對差別所帶來的重要性展開一段有智慧的對談。那也表示必須非常了解自己和競爭對手的產品，才得以拼湊出不同之處，並且聽起來像個顧問而非推銷員。

有時候你許對競爭對手的產品沒有這麼多的了解，無法做出客觀的比較分析，因為你知道的實在不夠多。在那種情況下，可以選擇發問。你大可以說：「我對那家公司不太熟悉，請你告訴我最喜歡他們服務的哪一點，以及他們的產品或服務的獨特之處嗎？他們的產品或服務或許在某些方面比我們的要好。」

這也就是訴說你的故事的機會。提出你的產品和他人產品的不同之處是很重要的，因為如果你讓對方覺得你有偏見，如果你的論調著重在自吹自擂上，那麼對方就不會覺得你可信任，或是與眾不同。

你需要說明為什麼所屬公司與眾不同，或是與你公司往來為何與眾不同。舉例來說，Nordstrom百貨公司的退貨政策是，願意收回任何產品，即使沒有發票，而且絕不囉唆，但其他百貨公司的退貨程序總是令人頭

疼。透過顧客的眼睛來看你自己的公司，問客戶和我們往來時，感覺如何？如果你能回答這個問題，也就定義了你的公司為何與眾不同。

問你自己：我們公司哪一點獨特？有什麼特別，值得別人和我們做生意？各家公司之間或他們的營運方式通常都有很大的不同，有時兩者皆是。仔細思索這些不同點，清楚的表達出來，讓顧客或潛在客戶真正了解你的公司為何與眾不同。沒有兩家公司是完全相似的，而顧客會根據名聲、記錄和營運手法和其中一家往來，可是他們要先有所了解才會這麼做，而要他們了解唯一的方法就是由你來告訴他們。

你的故事必須以顧客欲望為根據

要開始架構故事，就必須從你的穩固市場地位起步。你已經辨識出產品特質、優勢、特點、屬性和獨特之處。現在，只要把這些事實編織在一個故事中，讓它扣人心弦，並且讓顧客產生認同感，並且讓顧客一直著迷的聽到最後。

銷售人員經常拿一些銷售腳本或銷售輔助工具，無論是視覺工具、文件、個人經驗談或是圖表，然後試圖解釋它，並說明這個和那個是什麼意思。很多時候，

銷售人員會仰賴顧客把最後的那幾點串聯起來，經常最後的那幾點也是「不錯」和「扣人心弦」之間的差別。

策畫故事的第一個步驟，就是要定義目標的基礎假設或前提。前提在字典中的定義是：「一個被認定可能是事實，並且能因此產生結論的主張」。在理想的狀況下，你要試圖讓顧客聽你的故事，當他們有反應，並且給你回應，讓你知道在這個情況下是否合理。因此，你的故事必須有個前提，讓這些都能串聯在一起。

你的前提是從你的穩固市場地位衍生出來的，要找出那些認同你前提的人們和公司。接下來的步驟是策畫問題，雖然你在訴說你的故事，但那是一段雙方面的對談，所以想要知道顧客是否同意，因此你問他們：「你的前提對他們的欲望而言是否重要。」如果你的穩固市場地位是，你可以及時遞送精準機器零件到生產線製作成成品，那麼你應該問的問題是，及時送貨對潛在客戶的重要性，以及對財務基本要求的衝擊為何。以下是幾個樣本問題：

1.及時送貨在你們工廠的成功營運中扮演什麼樣的角色？

2.你和你的公司如何定義及時送貨？

3.零件缺貨對士氣造成什麼樣的影響？

4.你認為如果能夠事先知道何時需要零件就會有

貨,讓生產計畫能夠順遂,這樣對你的組織在財務上可能會帶來什麼樣的衝擊?

　　注意到這些問題都包含了邏輯與情感,意即及時送貨可以增加財務收入,同時改善士氣。

　　一旦為這些問題找出答案之後,就會知道潛在客戶是否認同你的市場地位。如果不認同,那麼你們公司能夠及時送貨到生產線的能力與他們的需求就不相符,而你也不需要再堅持下去。但如果認同,就可以繼續走到下一個步驟,闡述一連串的邏輯。

　　一連串的邏輯指的是談論你的產品或服務的穩固市場地位。在這個步驟中,你針對先前問題所問出的所有欲望和需求做個探討,訴說產品的獨特故事。

　　當你在談論分享邏輯時,必須讓對方覺得有趣,而且要是真實且具相關性。你的故事應該要扣人心弦、清楚,並且和產品的事實息息相關,甚至可以拿產品和競爭對手做個比較。

　　如果你在談競爭對手的事,避免用「我們和他們對抗」的心態。這可能會讓顧客變得有防衛心,尤其是他們目前正使用競爭對手的產品時。相反的,把重點放在自己產品的市場地位上:為什麼它是最好的?為什麼其他人覺得它有益?你的市場定位會顯示出你的產品最適合什麼,而不是競爭對手的產品為什麼效果不佳。

　　此外，清楚明瞭也很重要，銷售人員經常對別人解釋產品或服務的時候，都以為對方對所談論主題很了解，所以會走捷徑、使用縮寫和行話，這樣會降低故事的清晰性。你眼中理所當然的優勢，可能在別人眼中不是那麼清楚，即使你認為對方對這個主題有相當程度的了解。

　　同時也要掌握要淺顯易懂的原則。我們總是相信人們用特定的高深商業專有名詞在思考，但事實上我們大部分的人都是用清楚、簡單的字眼，以及簡單的故事和類比在思考的。因此，你的故事必須強而有力，而且要事先善加準備，巨細靡遺，讓顧客說（或想）道：「哇！我以前從來沒有這樣想過！」理想上，那就會激發對方的思考。

　　至於說故事的方式，可以考慮假設對象是你母親或是最喜歡的阿姨，而她對你的事業一無所知。如果必須向你的母親解釋產品為何適用於某個狀況，你會怎麼說？會如何向她解釋，這其實是個最佳的選擇？

幫助顧客看清風險

　　大部分的生意人都不喜歡突發狀況，尤其厭惡惱人的突發狀況，貨沒送到、數量算錯或是超出成本，即

使這個突發狀況是好事，大部分的人依然不喜歡。銷售人員的職責之一，就是確保不良突發狀況不會發生，而且購買你們公司的產品或服務，不僅風險低，而且潛在的收益也很高。

然而，有時候突發狀況是必要的。一位業務代表曾告訴我，有一次他把所有的邏輯都告訴一位顧客，但她依然不用他的產品。他問我該怎麼辦，我說：「你必須做的第一件事就是去向她道歉。」他問我「道歉」是什麼意思。我說：「你的方法完全錯誤。如果她沒有使用你的產品，你的方法就錯了。根據你所告訴我的，她可能覺得你是一個只對自己感興趣的推銷員。因此我建議你去向她道歉，跟她說明原因，你不只是想要爭取到她的生意，也想要重新來過。你想要提供服務和價值給她，如果在未來想要和你談談對產品的需求，那麼你會很樂意那麼做，但目前你只想要更正錯誤。」

重點是，他只是在試圖賣東西給她，但那套完美無缺的邏輯和熱忱，卻讓對方覺得太過挑釁、太咄咄逼人，而且並不了解她的需求。當他向她道歉並且說：「我不在乎是否會爭取到妳的生意，但我在乎的是修補這段關係。」後來順利的拿到了該公司一半的生意。

麥可‧布萊里（Mike Bradley）是德斯公司（Derse）的總經理，也是母公司的副董事長。他說：

「讓我先了解顧客以及顧客的企業，這樣就不會有突發狀況。在準備簡報的時候，發現顧客剛通過了一樁併購。此時最好把那一點也加入簡報當中，因為現在必須把被購併一方的品牌和產品也算進行銷組合中。」

德斯是一家會展業者，而麥可說那家被併購的公司或許已經預定要出席某些會展。知道併購消息並且把它加入簡報中「希望讓顧客看出，我們是一個會思考的組織。要行銷團隊和銷售團隊做那樣的整合是個很大的挑戰，與客戶的目標並肩進行，並且了解對方，是相當強而有力的。」

你的故事必須是真實的

切記，即使是一個無傷大雅的小謊，都有可能在將來對你造成不利。在加州的肯納金屬公司（Kennametal）賣刀具的葛雷‧傑諾瓦（Greg Genova）表示：「第一要件就是誠實，而且一定要這麼做，因為如果承諾對方某件事，但後來卻無法實現諾言，或是做了不道德的事，不但很快會被逮到，而且對方也會永遠記得。」

扣人心弦的故事會讓對方確切知道你的產品或服務最適合什麼狀況，以及從實際觀點來看的邏輯。故

事需要以品牌的特質為依據做出基本前提，並且和競爭
對手相關，最好是建立在穩固的事實上（無可否認的事
實），並且應該要包含邏輯和情感。故事的重點應該放
在該企業或產業顧客的一項或所有欲望上。最後，你應
該要準備三、四個版本的故事，而且熟練到倒背如流。

8

詢求對方的承諾

　　DELTA銷售過程中的最後一個步驟，就是詢求對方的承諾。這個步驟經常被稱為「結案」（the close）。在銷售會談中，還有什麼是比結案更重要的？市面上沒有什麼比這個主題更被廣泛討論的了。畢竟，結案是大多數的銷售經理認為他們的銷售人員需要多加磨鍊加強的技巧。

　　傳統上，結案也是過於廣泛被經理和銷售教練用來教導銷售人員的技巧之一。不同的結案手法也有不同的名稱：假定式結案（assumptive close）、選擇式結案（choice close）、成功故事式結案（success story close）、附帶條件式結案（contingent close）、平衡式結案（counterbalance close）、自作自受式結案（boomerang close）、刺激回應式結案（stimulus-response close）、次要重點式結案（minor

points close）、只剩站位式結案（standing-room-only
close）、大事將臨式結案（impending event close）、
小狗式結案（puppy dog close）、要訂單式結案（ask-
for-the-order close）、訂單表格式結案（order form
close）、總結式結案（summary close）、特別優惠
式結案（special-deal close）、無風險式結案（no-risk
close）、逆轉式結案（turnover close）、假裝離開式結
案（pretend-to-leave close），以及求助式結案（ask-for-
help close）。

　　我們不討論這些結案技巧，因為：1.你可以在任何
一本有關良好個人銷售的教科書中找到這些資料；2.結
案其實只是取得做某件事的承諾，而潛在客戶早已承諾
或已經在那麼做了。

　　這是最大的阻礙，許多良好的銷售互動每天都在
發生。銷售代表進行著不錯的對話、良好的對談，並且
有機會訴說他們的故事；而且他們的態度相當具可信度
及扣人心弦。然而在會談終了時，故事有時就失敗了，
因為環節不夠緊密，而且沒有恰當的結束方法。

　　之所以會失敗，是因為心理實驗證明，買方和賣
方在銷售結束時會變得和他們在銷售會談過程中不一
樣。因為情緒上的轉變，造成潛在客戶對於銷售人員即
將要求他們做的事有了不同的感受。

這可能是因為買方後悔心態所引起的焦慮，或是對自己衝動購買的擔憂。我是否花了足夠時間做下這個決定？我是否對這位銷售代表有足夠了解，並足以信任她？這真的是一個好決定嗎？

對銷售人員來說，焦慮則是由結案這一刻所引起的：如果我現在不拿到這張訂單，將永遠拿不到。或者：我不想被拒絕。這個被拒絕的機會或許是最大的恐懼。

我們發現一個有趣的現象，問一群他們的銷售經理不在場的銷售人員，同意以下這句話的人舉手：「如果長官在場，比較可能會問結案的問題，但換成我一個人時我就比較不會問。」每個人都舉了手，而且屢試不爽，這是為什麼呢？

銷售人員知道必須問結案的問題，上司才會覺得他們盡到了的職責。但通常他們對於問結案的問題不是很自在，如果感到自在的話，那麼上司不在也應該會問。為什麼大部分的銷售人員對於例行的結案問題會感到不自在呢？

原因在於，過去所學到的大部分結案問題，都和他們眼中的自己不一致。如果你不想當一個好鬥、咄咄逼人的人，你就無法自在的問一個充滿挑釁意味、咄咄逼人的問題。像是「你要我星期四，還是星期五送

貨？」（選擇式的結案）或「如果我能夠讓你的公司降低百分之二十的生產成本，卻又不失品質，你會跟我買嗎？」（附帶條件式結案）的這種問題。

大部分的人本性都不是好鬥的，也都不是咄咄逼人的，但結案問題經常帶有冒犯意味，不只是對我們自己，對潛在客戶也一樣。如果一個問題讓問問題的人感到厭惡，同時顯然讓顧客也不自在，這很可能就解釋了為什麼許多銷售人員除非有壓力，否則不願意問這種問題的原因。為什麼要故意讓別人感到不自在呢？尤其如果你想要，或是需要與對方的合作？

如果這些是結案的問題所在，那麼答案是什麼呢？答案是，不要把重點放在結案上，而是著重於取得承諾。承諾是結束目前這段對談的適當方式，它不盡然是一張訂單，雖然也有那個可能，承諾或許是另一次會談，也可能是與對方的上司見面，也可能是讓你把你的設備留在對方的組織中一個月。

記住這個定義之後，讓我們來考慮詢求對方承諾的六項原則：

1.如果你詢求對方承諾，他們就比較有可能會改變他們的行為。

2.你和潛在客戶／顧客都需要對承諾問題感到自在。

3.好的承諾必須在會面之前就開始策畫。

4.感官試驗式結案讓你能夠輕易提出承諾問題。

5.承諾是自然、適當的結束一段對談的方式。

6.在對方承諾之後詢問其認真度是相當合理的，而且如果你的方法正確，還可以增加你的銷售量。

接下來，我們一一詳談。

承諾可以改變人們的行為

取得承諾是相當強而有力的，無論那是什麼樣的承諾，而且人們的行為與他們的口頭承諾應是一致的，大部分的人都會努力做到他們說他們會做到的事（而那些食言而肥的人不會是好顧客或是好朋友）。如果你詢求對方的承諾，是比較有可能改變他們的行為。然而，銷售人員經常要求顧客許下很大的承諾，這種要求幾乎都會引起抗拒，導致行為改變的機會也非常小。反之亦然：如果你要求對方一個小承諾，潛在客戶就比較可能有所反應，因為他們認為這樣的承諾是合理的。

因此，你可能要求一位顧客試用你的產品一個星期或一個月。或者，如果你賣的是一套訓練課程，你可能會要求顧客試用一項訓練課程，看看是否合適。像這樣的情況就比較容易造成大規模的行為改變，若產品和

銷售人員所描述的一樣，那麼顧客就比較有可能會繼續使用它。

有一次有家公司要我為一個新產品創造一則銷售訊息，產品最初是在十月推出，然後在兩個月之後要在另一個市場推出。這家公司雇用我在首次推出的會議上演講，由於過去他們沒有看過我的工作方式，因此，我要求參與相關討論會議。我提出如果我要在首次推出的會議上演講，那麼下次會議最好也出席的意見。

爾後，連絡人告訴我，他想先看看我在第一場會議的表現如何，然後才想承諾第二場。我開口要求對方承諾，因為我認為那是合理的，但我沒有得到。

我要在三百人面前演講一個鐘頭。演講結束之後，觀眾全都站起來熱烈鼓掌。當我走出去時，那個雇我來演講的人，也就是之前我要求第二場演講的人，上前來擁抱了我。我在他耳朵旁說道：「現在可以再次要求你簽那份合約了吧。」而他則回答：「那份合約是簽定了。」

承諾會改變行為，尤其會改變顧客和銷售人員的行為。顧客比較有可能會去做他們要做的事；而當你兌現承諾，他們也比較有可能會去做你所希望的事。

注意，這裡的承諾是雙方面的。你做的承諾是提供一流的品質或服務，顧客承諾的則是給你報酬。你一

且拿到生意之後，延續這樁生意並且要求額外承諾，就需要來自於你的承諾。我需要做的承諾是提供一流的品質，那改變了顧客的行為，促使他願意許下承諾來回應我的卓越表現。

你必須致力於爭取詢求承諾的權利。你需要根據你和對方的互動品質來判斷那項權利；你需要感覺目標的假設或前提是否真的引起對方共鳴，並且對顧客而言是合理的。要做到這一點，你就必須專心傾聽。

「我認為傾聽的技巧是銷售人員的致命傷，尤其是年輕人。」羅氏（Roche）公司的莎莉．古奇斯（Shari Kulkis）說道，「他們都認真從事銷售過程，也使用了ACR技巧——承認（Acknowledge）、闡明（Clarify），以及回應（Respond），並且遵照特定的思考模式，但卻沒有在傾聽。他們在想的是要從對方身上取得什麼，並傳達想要傳達的訊息，也只對自己的興趣感興趣。當你真正傾聽對方在說什麼，你就可以找出他們的需求，或是他們的問題、擔憂，以及反對理由。如果你沒有傾聽，就會錯過了，而你的回應也不會滿足他們的需求。最後的結果是，他們也不會購買。」

北伊利諾大學的丹．魏爾貝克教授也會同意莎莉的說法。多年來他一直在尋找方法教導人們如何傾聽，「我給學生很多口頭上的指示和作業，讓他們明白必須

傾聽才能做對，才能了解我在說什麼。我不會問他們：
『你們懂嗎？』他們有兩個選擇。第一，可以來問我，
或者可以去做他們認為需要做的事。如果選擇後者，
答案卻是錯的，將會影響到成績。大部分的學生都會抱
怨，而我也會利用那個機會強調傾聽的重要性。」

　　北伊利諾大學的銷售課程中有角色扮演的練習，
而教授也會將過程錄影下來。學生們看到錄影帶中的自
己，就會開始明白和顧客互動中少了什麼，他們可以在
沒有壓力的情況下看自己的表現。「大部分的學生都會
大開眼界。」丹說道，「他們會說：『天哪，顧客是那
樣說的，而我卻完全在雞同鴨講。』從中看到傾聽的重
要性，以及那對他們的幫助。在角色扮演過程中，我曾
說過：『我真的很想擁有這項產品。』但他們卻告訴我
別的事。看了錄影帶之後會說：『你告訴我想要那項產
品，而我竟然連問也沒問！』我認為那很有幫助，但依
然沒有找到一個好方法幫助學生學習如何傾聽。」

　　問題其實是傾聽的部分集合。一個好聽眾能問出
好問題，是因為專心傾聽，因為聽到的不只是字眼，同
時也了解對方的意思、細微差別，以及涵義，如果他們
不了解，就會問問題幫助自己真正體會。良好的傾聽和
好問題的結合，可以徹底了解顧客的需求。

　　丹說仔細傾聽對學生和銷售人員而言都非常困

難，他說：「如果我是個銷售經理，會告訴銷售人員他們因為沒有傾聽而錯過了什麼。在會談之後聽取報告時問他們：『你有沒有聽到顧客這樣說？那是什麼意思？你是如何解讀的？目前狀況如何？』試著從潛在客戶說的話中找出線索。」其中一個可能的線索就是，你會談的對象可能是錯的。

　　千萬不要小看承諾的重要性。無論你的經理是否在場，你都需要問承諾問題，因為那些問題大大影響了人們的行為。再次強調，你必須設法讓顧客感到自在，找一些讓你自己容易發問，也讓顧客能夠自在回答的問題，像是「我們今天所討論的方法你覺得可行嗎？你是否願意讓我們試試看？」然後傾聽對方回答，才繼續開口說話，無論那有多麼困難都必須這麼做。

承諾問題需要令人感到自在

　　高品質的結案技巧的關鍵之一，就是確定你能夠自在的問結案的問題。無論是你或是對潛在客戶或顧客，都必須對承諾問題感到自在，如果不自在，你的行為也會讓顧客感到彆扭。承諾應該要是合理而且可行的，不只是從你自己的觀點來看，還要從顧客的觀點來看。

　　結案要先從你的心態開始。銷售人員之所以會對結案產生焦慮，是因為他們通常把「結案」看成是決死一戰，認為必須在那一刻拿到那筆生意，否則回公司之後就有好戲看了。結案其實只是一個過程，它可能會，也可能不會在那一天或那一刻結束那場銷售。如果你的心態正確，也仔細策畫過，就會知道當天的目標是要在過程中向前邁進一步，還是要讓顧客簽下那張訂單。你不該感到焦慮，只需問自在的問題，藉由有意義的對談帶領你從一個步驟走到下一個步驟。

　　因此，必須很早就開始策畫結案，從會談一開始所建立的環境對於結案的氣氛和顧客有很大的影響。如果結案時所說的話，和銷售對談時所說的話是一樣的（而且確實是一樣的），那麼必須清楚的闡明你對這段互動有什麼樣的期望。而這是你在策畫的時候就必須弄清楚的。決定會談的特定目標——你想要什麼樣的結果？你想要的或許是結案，但也有可能是更加了解潛在客戶的需求、公司的採購過程，或是對方的階級。你的終極目標可能是安排另一次會談。重點是，你必須策畫這場互動，它在會談中可能會有所改變，因為互動的本質是流動性的，有時你會發覺事情從上次來訪之後有了改變，因此必須有某種程度上的彈性，改變你對對方的要求。

　　記住：銷售只是在找一個思想開明的人，和你展開對談，相信你所提供的產品或服務對雙方而言可能都會帶來益處。試圖了解他們的狀況，在你提出假設之前，先弄清楚情況並且取得對方的認同。潛在客戶會讓你知道你說的話是否有道理。如果在會談終了時，你提出的假設似乎是有道理的，就可以問：「你覺得怎麼樣？」如果無法鼓勵顧客一年四季到她們的家裡去參觀選購（並且介紹新客人），唐卡絲的直銷員是不可能經營下去的。

　　現為加州聖克萊蒙Sterling Edge，公司總裁兼執行長的萊絲莉‧波爾（Lesley Boyer），一直都是唐卡絲旗下一位成功的銷售代表。萊絲莉所扮演的角色是幫助她的顧客購買，並且鼓勵她們許下承諾。萊絲莉以新客戶雪倫來做例子。

　　雪倫和萊絲莉七成的顧客一樣，也是人家介紹的。萊絲莉在電話上與她訪談之後，知道她是一位符合資格的顧客，而雪倫也知道唐卡絲衣服的價位。她告訴萊絲莉，她打算休息一年不工作，然後她說：「我想重新打造自己，希望妳能協助我。」

　　萊絲莉告訴我：「一開始的感覺是挖到金礦了，但那是很危險的，我不想要擁有那麼大的權力。因為一個女孩子從十歲開始，大概就已經知道自己想要什麼，

而雪倫當然不只十歲。因此，我告訴她，我們必須好好考慮一下。」雪倫問萊絲莉她認為她穿什麼顏色好看。雪倫是個深色眼眸的棕髮女子，而且膚色雪白，萊絲莉回答說：「紅色。而我這裡剛好就有一件很漂亮的紅色外套。我記得妳喜歡長一點的外套。」萊絲莉把那件外套遞給她，然後說道：「試試看。」

雪倫穿上後說道：「醜死了！」

「告訴我，妳為什麼這樣說。」萊絲莉說道，「妳的衣櫥裡還有哪些顏色鮮豔的衣服。」

雪倫停頓一下後說道：「完全沒有。」

「妳看吧。」萊絲莉告訴她：「妳的衣櫥裡完全沒有紅色的衣服，所以雖然我認為妳穿紅色會很好看，但我怎麼想並不重要。穿衣服的人是妳，所以如果妳的衣櫥裡現在沒有紅色衣服，那麼妳也沒有必要開始。我不想要告訴妳應該穿什麼，因為衣服只會掛在妳的衣櫥裡，然後妳會生我的氣，而我希望妳會再回來，而且我希望妳介紹客人給我。所以我們來談談妳現在已經有的衣服，然後繼續往上加，不要重新開始，今天只要加幾件就好。我們公司一年四季都會出新裝，所以妳可以從下一季再多添幾件。」

萊絲莉完成了幾項目標。她讓雪倫知道，雖然她買得起一整個衣櫃的新衣服，但她並不需要。她幫助雪

倫在第一次會面時買衣服，但更重要的是，她也取得了雪倫的承諾，在下一季有新衣服上市時回來。事實上，雪倫確實連續好幾年，每年兩三次跟萊絲莉買衣服，即使後來她懷孕生了兩個孩子之後也是一樣。

好的承諾必須在會面之前就開始策畫

　　最好的承諾是要事先策畫的，而且是你的故事的自然延伸，導致最終的結案。會面之前的策畫不是一個停滯的過程；它是具流動性的。提姆‧華克選擇在會前策畫的一部分，就是要準備應付任何狀況，如果銷售陷入僵局，或是一樁看似有希望的銷售卻停滯不前，他的計畫就是要輕輕的推顧客一把。「有時候一切聽起來都不錯，但突然間潛在客戶卻失蹤了。」提姆說道，「他們不回我電話，也不回我的E-mail，而我也不是他們手上最重要的事。日常生活所需、家庭、財務自由，以及假期規畫都排在我前面。但如果會談感覺不錯，而我也給了足夠的時間，然後才和他們連絡，但卻沒有得到回應，我就會發出一則最後的聯繫。」

　　一般來說這會是一封E-mail，有時是電話留言，提姆會先向潛在客戶道歉占用了他們的時間，然後說明：「先前的對談讓我以為你很感興趣。我覺得我們找出

了一項可行的解決方案，也以為會達成共識。但由於你一直沒有回覆，讓我覺得你的問題已經得到解決，或是你找到別人來服務，也可能這已經不再重要。我想要讓你知道我的堅持，但我也不想煩你，所以我會等你主動和我連絡。除非你先來找我們，否則我們就先暫停聯繫。」

他的口氣是帶著歉意的，我們很抱歉浪費了你的時間。他的訊息也是根據事實，我們以為一切都進行得很順利……這是我們的假設……而你的不回應告訴我們事情起了變化。提姆說大部分的時候他都會在幾個小時內就接到E-mail，內容則大多是：「不，等一下。我很抱歉。最近實在太忙了，因為公司在重組，或是因為最近我家裡有事。」

幾乎屢試不爽的，潛在客戶會說因為一些大事讓他們沒有及早回應。提姆說，通常「客戶或潛在客戶會回頭來說，『對不起。是的，之前的留言我都有收到，寫來的E-mail也看了，而我只是太忙沒有時間回覆，但請你不要斷了連絡。』當我一說我不想再煩他們，他們就會說依然感興趣。」

提姆說根據他的經驗，大部分的銷售人員都會繼續留言或寫E-mail。「我總是告訴銷售人員，你必須設法讓對方說是或不。兩者都是好答案，而『是』這個答

案當然比『不』要好，可是兩者都可以。『也許』則會讓你沒完沒了。讓潛在客戶說『是』或讓他們有機會說『不』。但不回應、不清不楚、不正確的溝通只會浪費時間。」別忘了，顧客給你的承諾可能是「不」，而那其實也不壞。

感官試驗式結案讓你能夠輕易提出承諾問題

　　要對你的承諾問題感到自在，最容易的方法之一就是使用感官試驗式的結案。感官試驗式的結案是一種為結案問題所設計的技巧，它使用誰、什麼、哪裡、為什麼、多少和何時等字眼，配合像是看、想、觸摸、聽、感覺，以及觀點等感官字眼。當你用這種模式來問問題，人們通常都會覺得自在而願意回答，因此你也應該要能夠自在的發問。在問承諾問題之前，你最好先問一個「感官」認同問題。以下就是幾個例子：

　　1.那聽起來怎麼樣？

　　2.如果你認為合理的話，接下來的一兩個星期，如果有機會使用這樣的產品，會考慮試試看嗎？

　　3.這樣的邏輯，你認同嗎？

　　4.你認為這樣的看法合理嗎？

　　5.就你的觀點而言，我們所討論的內容聽起來是否

符合你在做的事呢？

6.我覺得我們似乎已經完成雙方都同意的部分，你認為接下來該怎麼做？

7.你對於今天所討論的內容感覺如何？

這是一個探索的過程，目的是要找出情況的真實面。他們是否了解你的假設？你的假設是否扣人心弦，而情況也如此真實，現在是否就是行動的時刻？你或許辨識出潛在客戶說他們想要解決的個別狀況、問題和困難，但事實是他們根本不想解決。就算他們想解決，也不想現在解決，或是那對他們而言，不是目前最迫切的需求。銷售人員在這個過程中必須學習的，就是當前的困難（或機會）對買方而言是否足夠重要，導致他們會現在行動。如果不是現在的話，又會是何時呢？

當你問買方「那聽起來怎麼樣？」就可以知道他們是如何看待你的假設，因而取得相當寶貴的見解。因此，對方會如何回答你的問題呢？通常只會聽到兩種答案：「是的，那聽起來不錯。」或「是的，那聽起來不錯，可是……」幾乎很少聽到有人回答「不」。

「是的……可是……」等於有效的說「不」。儘管如此，「是的……可是……」通常是潛在客戶看到依然存在的障礙，覺得可能無法完成這筆交易。

如果你問：「那聽起來怎麼樣？」而他們說：

「聽起來好極了。」就等於是在告訴你現在有機會問他們是否準備好要購買。你可以這樣問：「如果聽起來好極了，請問你願意試用嗎？我可以在下星期四前寄二十件給你嗎？」也就是說，如果他們對你的假設表示認可，也等於是在暗示你採取下一個步驟。

如果他們說，「聽起來不錯，可是……」那個「可是」就成了這筆銷售中最重要的部分：可是……我們的庫存已經過剩了。可是……我們以前從來沒有和你做過生意。可是……你不在我們的體系之內。可是……我們只有一位供應商。可是……我不是唯一的決策者。

銷售的世界充滿了「可是」。這些因素經常能夠幫助你朝銷售成功更邁進一步，因為它們常會提供對方為何尚未準備好要完成交易或購買的真正原因。當你在一段銷售對談中遇到一個「可是」（也就是拒絕的同義語）時，可以採取以下三個方法：

1.確認：了解對方的顧慮或問題，並且表示諒解。當中，最不該做的就是繼續逼迫、忽視或不理會顧客的顧慮。

2.闡明：你可以重述你所聽到的話，抓住對方顧慮的重點，或者如果有不清楚的地方，就要問清楚以便取得更深入的了解。特別是銷售人員對顧客的顧慮都過於

敏感，有時會答非所問，不要在沒有足夠資訊的情況下自以為知道顧客在說什麼。

3.回應：重新處理問題，或是解釋誤解。

梅里洛顧問公司的亨利‧波茲認為，好的銷售人員聽到拒絕的話語，像是「我們現在沒有錢」，依然會繼續了解下去。如果什麼都不做會有什麼樣的結果？強調該項產品或服務是否能夠改善潛在客戶的整體成本架構。「任何一家公司的執行長，無論是什麼公司，」亨利說道，「都會想要降低成本，更有效率，增加銷售量，或是三者皆是。理想的狀況是三者皆是。每個想要傳達訊息的銷售人員都需要在合宜的情況下做到訊息中的承諾。問題不是：你們有預算嗎？而是你們應該做適當的投資，這樣才會有報酬，然後最終的整體花費也會減少。」

承諾是適當的結束一段對談的方式

每一段對談都有結束的時候。有時候結束方式是平淡無奇的一句「明天見」、「待會兒見」或「我星期一再打電話給你」，但由於說了這些話，在結束對談的同時，也許下了承諾。

這是銷售人員經常碰到的問題：他們認為每一段

與顧客的互動，都必須要用某種程度上的承諾做結束。一段對談需要適當的結尾，而那可能導致，也許就是一個承諾，但也不一定。

與顧客互動是動力十足的過程。最近我和一位潛在客戶接洽，也試圖想要達成交易，因此我請一位朋友要那位潛在客戶從高爾夫球場上打電話給我。對我而言，那是一段銷售互動，也是在連絡感情。我說道：「你好嗎？最近一切還好吧？好一陣子沒有你的消息了。」

他回答：「我們公司今天發布了一些變動消息，所以必須跟你談一談，因為未來可能需要你的服務。」

我說他應該打電話給我，然後就結束對談，沒有請他做出承諾。一個星期之後，我寄了一封E-mail給他，報告我的出差行程，建議如果他那天有空的話，可以在某一天見面。或者，我問他，現在談是否太早了呢？我依然沒有請他做出承諾。

五分鐘之後，我收到他寫來的E-mail，說他已經告訴他的銷售團隊，公司打算使用我的服務，之後會再通知見面的日期。我遲早都得尋求他的承諾，但並非每一段銷售互動都需要承諾才算適當結束。

這就是所謂的適當結束，清楚的知道你想要的結果是什麼，確保你用適當的方式結束對談。適當結束指

的可能是你必須創造出什麼動作來繼續進行銷售過程。一個好的結案問題或承諾問題應該要引出特定行動或新行為，讓顧客能夠認同，因為根據你們剛才所討論的，那是最合理的結果，而且顧客也不會覺得你很貪心。不要奢求對方把所有的生意都給你，只要根據你們的對談，要求合理的部分就可以了。

詢問對方的承諾是否認真

在他人許下承諾之後，詢問承諾的認真程度是完全合理的，而且如果你方法正確，也會增加你的銷售量。

以下是一個錯誤示範：有一次，一位兩年沒有連絡的舊識寫了封E-mail給我，然後又打電話給我，他說：「我們需要談一談，我們需要你的服務，請你寫個企畫案給我。」我花了一個小時和他講電話，然後又花了兩三個小時寫企畫案，但我卻沒有問他承諾的認真程度。我根據當時對話和E-mail的氣氛和本質而假定他是認真的。

我犯了一個極大的錯誤，因為從那之後他就不曾再和我連絡。我留言了三、四次，寫了三、四封E-mail，也傳了簡訊給他，可是卻完全沒有回音。

　　只因為他聽起來很認真，我卻沒有試探他承諾的認真程度。我當初應該要說：「從我們的談話中，我感覺你似乎急著要我寫一份企畫案給你，而且這對你而言好像很重要，在預算上好像也相差不遠，所以你是打算進行下去的。這樣假設合理嗎？」在那時，他也應該要回答我：「是的，那是合理的假設。」或「不，我們只是剛有這個念頭。」或「預算真的是個很大的問題。」或是其他可能代表「不」的答案。

　　可惜，很多人都沒有勇氣直接告訴你，他們其實只是剛有購買的這個念頭，或是他們還在到處比較，又或者，他們出於禮貌卻誤導的說：「好吧。寄一份企畫案給我。」

　　銷售人員經常告訴我：「我去拜訪了這個人，過程相當順利。他們似乎很感興趣，並要我給他們一份企畫案，但後來就再也沒有下文了。」

　　我告訴他們，那是因為沒有先試探對方承諾的認真程度。如果某人說他們許下了承諾，你絕對有資格問：「你的承諾是否認真到足以讓我開始寫企畫案（或安排會議、訂購零件，或者做任何對你的組織而言是下個步驟的事）？我願意採取行動，但那完全是因為我相信你的意思是，你和我很有可能會開始做生意。如果是我誤會了，請你立刻糾正我。」

　　當你把結案帶往另一個境界，試探承諾的認真程度，你就大大增加了結案成功率，因為你已經排除了那些不認真的人，同時，也會發現有人對你說：「做決定的人不是我，我認為這確實是我們需要做的，所以請你把企畫案給我，我會再跟你連絡。」

　　他們剛告訴我這個對象是錯的，因此我現在需要做的不是浪費時間寫企畫案，而是找出正確的對象是誰。而下一個行動步驟不是去寫企畫案，然後希望拿到這筆生意，應該是去找那個會認真許下承諾，並且能夠做決策的人。

　　你必須注意自己做的假設，然後去試探潛在客戶。瓦萊麗‧索科拉斯基在交涉過程中所犯的錯誤就是假設預算不會是個問題，但她卻沒有拿這項假設去試探潛在客戶（參閱第五章）。你大可以這樣說：「我想你應該有個預算，可以透露預算的數目嗎？」然後聽對方怎麼說。

　　當你在試探某人的承諾是否認真時，如果你發現他們退了一步，那就表示他們不是認真的；同樣的，如果你發現他們退了一步，那也表示你還沒有拿到這筆生意。

　　銷售人員經常都沒有試探潛在客戶的承諾是否認真，這也是銷售過程中最常被忽略的一點。同時，尋

求承諾最不恰當的方法之一，就是問那些傳統的結案問
題，讓你自己都感到不自在。如果你真的想要提升成功
的機率，就必須試探對方承諾的認真程度，而且你絕對
有權利那麼做的。

　　有時候人們會對我說：「寄一份企畫案給我。」
我通常會說：「我是不寫企畫案的，我已經告訴你要
花多少錢，也已經告訴你打算怎麼做，也說明了計畫大
綱。為什麼還需要寫企畫案？如果你告訴我寫了企畫
案，你就一定會簽字，那麼我很樂意寫。」百分之九十
這一套都管用，但有百分之十的時候，你雖然給了對方
企畫案，但你還是拿不到生意。

　　但如果顧客和我展開了有意義的對談，而我對情
況有所了解，我也解釋了這個方案大概要花多少錢，而
他們也很認真想要承諾，那麼我就敢說我不寫企畫案。

　　大部分的人在認真許下承諾之後都會堅守承諾。
承諾的力量是很大的，但軟性的承諾和硬性的承諾之間
則是有差別的，軟性的承諾會帶來軟性的結果，硬性的
承諾則會帶來硬性的結果。我總是會想要把軟性的承諾
轉化成硬性的承諾。

　　大部分的銷售人員對於軟性的承諾都會感到滿
意，因為那對他們而言就像是在說「太好了！我的工作
完成了。」但是，其實除非顧客下了訂單，否則你的工

作並沒有完成。如果想要增加拿到生意的成功機率，把軟性承諾轉化成硬性承諾，就必須試探顧客的認真程度。

鼓勵對方給予實質承諾需要做到以下四點：

1.建立正面的心態，完全了解你需要什麼，才能夠讓潛在客戶或顧客走向下一步。

2.計畫與設計出正確的問題與結案方法，或是在結案（或下一個步驟）之前事先思考該如何問話，讓你自己對於問問題感到自在。要先確定你自己對於那些問題感到滿意。

3.提出你的假設並問問題，讓潛在客戶或顧客不會有被冒犯的感覺，而會覺得這是討論過程的合理步驟。

4.聆聽他們的回應，因為顧客可能會給你訂單，也可能不會，不過那都沒有關係，那並不是拒絕，而是持續過程的一部分。

記住，結案並不代表失去了生意，因為它有可能是業務或討論的延續，結案是一個過程，但即使是最好的一套銷售過程，也可以藉由建立正面的業務關係來改善。

Part 3.

積極落實達到個人成功

9

如何建立正面、高績效的業務關係

　　本章內容主要根據《人際關係優勢：策略性影響和銷售成功的關鍵》（The Relationship Edge: The Key to Strategic Influence and Selling Success）一書，第二版，作者為傑瑞・艾科夫（Jerry Acuff）和沃利・伍德（Wally Wood）。

　　每當我問一些資深高階主管正面、高績效的業務關係，以及銷售人員的工作上扮演何種角色，他們總是回答業務關係是非常重要的。而當我問到他們如何訓練銷售人員，與那些無法自然一拍即合的顧客建立關係時，他們則會說沒有對員工做那樣的訓練。這對我來說是很不合情理的：如果建立正面關係如此重要，那麼就必須學習如何做到。

　　我已經再次強調，銷售人員需要做到三點才能夠成功：正確的心態、有效的銷售技巧和良好的業務關

係。少了這三點，要完全達到銷售潛能，雖然並非不可能，但卻非常困難。我們已經討論過心態問題，也列舉出DELTA的銷售技巧，由於關係在銷售過程中扮演著如此重要的角色，該如何建立正面、具成效的業務關係呢？

身為銷售人員，你在擴展業務，改善與顧客和潛在客戶（還有同事、經理，以及其他邁向成功的關鍵人物）關係網絡的同時，也一起在成長。如果與所有在業務往來上的關鍵人物有相當良好的關係，同時也細心經營運用，幾乎就能自動的在業務上有比較大的成功機會。當然反之亦然。當你和顧客、同事或經理的關係很差，業務自然也會受到連累。

用心、有系統、定期、主動的建立業務關係，是任何人都能學會的技巧，多年來我一直在教導銷售人員，而且我知道那是有效的。這是一個可以輕易學習的技巧，如果你有一位死黨或配偶，你應該就會知道這個過程需要什麼。運用這裡所說的技巧，你的業務（和私人）關係就會改善，我曾在旗下的銷售人員身上看過好幾百個成功例證。可惜，大部分的人面對關係的態度都是被動的。

一份良好、正面的關係可以改變你和另一個人的互動。如果你們的關係很弱，當顧客說，「我今天不能

跟你談。」意思可能是，「我不想跟你說話，一點都不想……永遠不想。」然而，如果你們關係良好，這句「我今天不能跟你談。」意思可能只是「我今天不能跟你談。」你會知道對方的言下之意並不是在拒絕，因為你們之間有一份正面的關係。根據你和顧客的關係，一模一樣的話卻代表完全不同的意思。有了寶貴的業務關係，你就可以在一個更高績效的環境下運作，而你和顧客都能夠自在的彼此坦誠。

攀爬人際關係的金字塔

人與人之間的關係可以分為五種（參閱圖9.1）。

這些關係可以用一個關係金字塔來表示，因為在金字塔的底層代表的是很多很多的人，幾乎千百萬人，因為那些代表的是甚至不知道你叫什麼名字的人。而金字塔的頂端則代表一些少數，因為那些代表的是和你關係寶貴的人。

要從金字塔的底層攀升到讓對方知道你的名字，其實相當容易。若要別人知道並記住你的名字，最好的方法就是知道並且記住對方的名字。

下一個層級則包括那些知道你名字的人和喜歡你的人。他們不介意你的出現，尤其是當你來訪時，不會

感到厭惡，雖然你和他們不熱絡，但他們的門也敞開了
一條縫，歡迎你進入。

圖9.1　人際關係金字塔

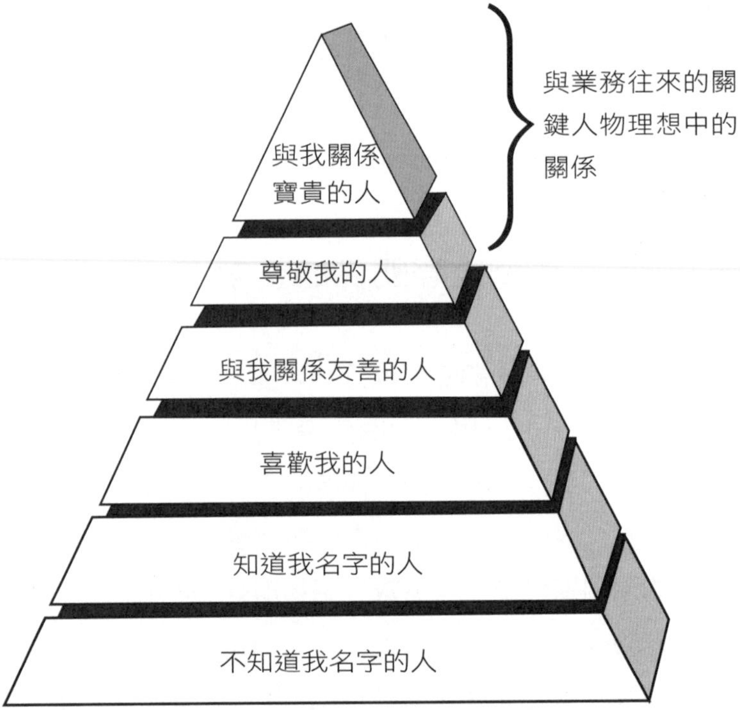

下一個層級則包括那些與你關係友善的人，他們
不僅會聊生意上的事，還會和你聊一些別的，例如談論
橄欖球賽、週末出遊計畫或度假。在這個層級中，你已

經建立並分享一些共同興趣與議題，而且只要你們在一起，就會定期聊這些話題。

在人際關係金字塔最頂端之下的那個層級，則是那些尊敬你的人，而根據字典中的定義，所謂尊敬是：對一個人所產生的尊重、價值感或優越感，一種個人品質，或能力。那些尊敬你的人，對你的人格、你的知識、你的勇氣（或三者皆是）抱持著一份高度評價。

最高層級的那些人之所以珍惜與你的關係，是因為他們相信那樣的關係是有好處的。（你可能也相信那樣的關係對你也有好處，但如果對方不同意的話就不算數。）他們信任你，認為你可以幫助他們，而且有信心你不會濫用他們對你的信任。更棒的是，那份感覺是互相的；在你幫助金字塔頂端那些人的同時，他們也會幫助你。

大部分的業務關係都處於「知道我名字／喜歡我／與我關係友善」的階段，這些都和你讓人產生好感的程度有關。如果你問對問題，任何人都有可能在短時間內喜歡你，讓他人喜歡你最有效的方法，就是使他們談論自己以及他們所珍愛的事物。

但光是被喜歡是不夠的。當你達到人際關係金字塔最頂端的兩層，你所擁有的關係就能夠幫助你達到原本難以達到的目標。但你要如何讓他人尊敬你，又如何

讓他人珍惜他們與你的關係呢？你需要一套建立關係的
過程：包括對人性的了解，以及取得他人尊重的方法。
你也可以規畫你的人際關係，從一個金字塔跳到另一個
金字塔。這些概念都是足以改變你人生。

這個過程有三個步驟：

1.你的思考方式。

2.你問的問題。

3.你的行為。

就和人生中許多其他事物一樣，說要比做來得容
易多了。

心態要正確

現在你已經知道想法是會驅使行動的。你必須相
信人際關係可以為你帶來好處，如果你努力建立業務關
係，就會得到獎勵。你必須相信潛在客戶和顧客都想要
和你建立關係，因為你有經驗、受過訓練、有技巧、有
能力、有知識（或以上五者皆是），而且那些都是他們
所重視的。你也必須用好的態度去看待別人，並且盡可
能用他人的角度去看待事物。

正如數千年前佛陀所說，「我們怎麼想，就變成
什麼。」如果你走進一個會議，知道（因為你的前輩告

訴過你）這位潛在客戶不喜歡銷售人員，那麼你很可能就會遇見一個不喜歡銷售人員的人。然而，如果你走進一個會議，相信你可以與任何人建立一個正面、高績效的關係（無論前輩是怎麼告訴你的），那麼你很可能會有一個令人滿意的經驗。在各種關係中，無論是業務還是人際關係，我們通常期望什麼就會遇上什麼。如果覺得潛在客戶會是唐突、冷漠，以及冷酷的，那麼對方通常也就會是那個樣子。如果覺得他們會很有趣、友善、而且很有彈性，那麼就有可能會是那樣。

相互尊重對於建立有利關係和營造自在氣氛是很重要的。當你初次與某人見面，那個人對你的感覺或許是很中立的。從你的第一個動作，有力的握手，到你說的第一句話，對方也開始對你產生意見，而那個意見可能帶有尊敬，也可能沒有。我們做的事和說的話經常讓他人無法尊敬我們，例如遲到、沒有做好準備，或是持有偏見。

另一個重要的考量因素是，你對自己的看法。有些人不喜歡自己，因為他們過胖，或是皮膚不好，或是個性害羞，他們希望自己可以改變那些對自己不滿的地方，但他們無法改變因而深深自責。你必須做到某種程度上的自我接受，才能有效的發展出與他人的關係。大部分的人都過份的嚴以律已，勝過我們可能認識的任何

人（或許除了我們的家人之外）。

　　要有效的發揮自己，你必須接受自己已經盡力的事實。如果你真的尚未盡力，那麼你或許也不太尊敬自己，真是這樣的話，你應該盡一切努力去改變。試著改掉自己做錯的地方，但不要因為自己做錯一件事就反應過度，不要說謊，說話要算話，做到自己所承諾的，並且接受自己盡力的事實。

　　試著用好的態度去看待別人，即使在表面上他們並不討人喜歡。過去我在某家藥廠擔任區經理時，競爭對手是當時擔任底特律區經理的迪克‧麥克唐納（Dick McDonald）。我一向都不喜歡他，因為我認為我們在各方面都像天南地北般的不同，而且我們是競爭對手，也因為都是區經理，都想要擁有最好的區，而且都想要升官。我所感受到的競爭其實在任何行業中都存在的，但或許我的感覺過於強烈了些，已經顯得不太健康。有一天，我的上司提到迪克‧麥克唐納，我直覺地說：「我不喜歡迪克‧麥克唐納，他是個爛人。」

　　他說：「你這個觀點很有意思。」他思索了一會兒，然後說道：「我希望你這樣做，到底特律去，花一天的時間和迪克‧麥克唐納相處，回來之後寫一篇報告，讓我知道你為什麼喜歡迪克‧麥克唐納。」我說那是不可能的。他說：「我不在乎那是否可能，但我要你

去做。」

　　我心不甘情不願的打電話給迪克，然後，假裝我要去底特律討論我們該如何銷售給某幾家全國性的客戶，我安排去和他相處一整天的時間。

　　與他相處之後，發現到迪克和我的共同點其實比不同點還多。他有很強的家庭觀念（和我一樣），他真的很關愛工作同仁（和我一樣），而且他有很獨特的幽默感，過去的我其實是不懂他的幽默。我發覺他就像一個喜劇演員，很有個性而且十分正直，光從外表很難看出一個人的正直（如果你覺得對方是個爛人，那就更難看出來了）。當我開始看到迪克做事，以及如何和部屬相處，就知道迪克個人影響力有多大。我看了他的個人經歷，看到他不僅自己很成功，同時也提拔了很多成功的領導者。因為我上司強迫我用客觀的角度去看迪克，試圖抹去我的偏見，我才開始看到真正的迪克，而不是我想像中的他。

　　最後發現，我打從心裡喜歡迪克，而且他一點也沒有改變。去底特律之前就知道別無選擇，必須去找出我喜歡他的地方，當我抱持著那樣的態度之後，我也發現我不但喜歡他的一些特質，而且非常欣賞，此時迪克已經不是個爛人。我們花了一天的時間相處之後，我也能夠比較自在的和迪克一起合作處理公司業務，對於他

的一些意見也比較能夠接受。後來我離開那家公司，迪
克也是少數依然和我保持連絡的人之一，而且一直到今
天。

　　當然這並不表示，只要有了正確的心態，每個人
都會對我們有所回應，並且願意和我們建立關係，或
是維持基本的尊重。雖然我所說的建立關係，大部分的
時候對大部分的人都有效，但並非在每個人身上都能成
功。（有些潛在客戶對銷售人員偏見很深，即使對方是
真心真意想要幫助他們，他們也看不出來。）儘管如
此，你依然有很多機會可以建立良好的業務關係。關於
這點，安森尼‧伊姆就親身體會到了。

　　當時安森尼為一家銷售全球電信網絡的公司工
作。有一天接到一通電話，是義大利一個非營利宗教組
織打來的，該組織遍布全球，因此想要一個電信網絡，
而對方表示將會到紐約來一個月，並期待能面談。

　　當他們見面時，潛在客戶把該組織的需求細節一
併告訴了他。「突然間我驚醒了。」安森尼說道，「這
很可能是個大案子。」然而，他們卻面臨一個問題：該
組織的決策者並不想做這麼多的改變，所以連絡人必須
先說服組織裡的人。

　　「他告訴我想要做的事，而我覺得非常有意
思。」安東尼說道，「我的公司非常適合他的計畫，因

此這是個很不錯的方案。但事實是，我腦中想的並不是銷售本身和內容，而是被他的計畫和整個情況完全迷住。忘了我的目的是銷售，想的卻是要如何與這個人合作，試圖創造出他所想要的東西，幫他說服組織。結果是，我們建立了一份特別的關係，而那與我和其他顧客的關係是很不同的。」在那個具建設性的會議之後，潛在客戶便返回了義大利。

日子一天一天的過去。安森尼每個月會打一次電話給潛在客戶，也會寫一兩次E-mail給他。安東尼決定利用這段時間向潛在客戶介紹他的公司，占該產業前第四或第五大。安森尼說：「當人們無法做決定時，通常不會主動來找我們，因此我利用這段時間向他介紹公司和業務內容。」此外，安東尼也決定不僅要將他的公司和其他競爭對手做出區別，同時也要讓自己脫穎而出。他問自己，「我該怎麼做到這一點呢？繼續對他的狀況表示興趣，並且盡量了解他想做什麼，給他額外的資訊，並且在他需要時給予協助。」

幾個月過去了，但一切卻沒有進展，安森尼也開始感到猶豫起來。「當人們說他們沒有辦法讓企畫案過關，或是不確定是否有預算，事情就亮起了紅燈。但我依然設法和他保持連絡，而且刻意加了私人色彩進去。舉例來說，我不僅會寄給他白紙黑字的資料關係建立網

絡策略，我還會寫一份一整頁的一覽表，說明我認為他的情況可能需要哪些策略。讓他感受到我是真的在乎，並且也花了時間替他想清楚，並非只是隨便給他一份資料參考。」

後來，又發生了一兩件有趣的事。潛在客戶開始打電話來徵求他的意見，彷彿安森尼的公司已經成了他們的供應商。還有，潛在客戶也開始了解該公司的其他產品。「他會打電話來說：『你認為這項產品可以用在我們這裡嗎？因為我有另一個計畫。』原本只是一樁兩項產品的交易，後來卻變成九項產品的交易。」安森尼覺得自己被人當顧問在利用，但他有信心，也由於他們之間的有意義對談和關係，這筆生意一定做得成。也因為他與對方的關係，他能夠安排其他的產品介紹，讓公司裡的其他人去義大利拜訪那位潛在客戶。

對方第一次打電話來時是七月，等到聖誕節的時候，有一天潛在客戶突然打電話給安森尼，他終於得到組織的批准進行這個計畫。「突然間，我覺得自己一切都做對了。」安森尼說道，「我投注了時間，要是換成是其他銷售人員，恐怕早就放棄並且說：『這個人什麼也不會買的。』我花了時間建立親近的關係，向他介紹我的公司，並且了解他的個別狀況。但是當我們快要結案時，我也提醒自己，沒有人會和不是你顧客的人建立

這種業務友誼關係，也沒有人可以把產品線上的所有產品都一次賣出去。沒有人做得到，而從那次之後也不曾再發生過。」

安森尼堅持與這位顧客建立並維持關係的心態，在最後終於脫穎而出，幫助公司拿到這筆大交易。你的心態，也就是你的想法，正是所有良好關係的起點。

把人性列入考量

要往金字塔的頂端攀爬，建立良好的人際關係，你就必須問一些其他銷售人員不常問的問題。你需要考慮其他銷售人員通常不會去考慮的事。大部分的銷售人員很少將以下十三項有關人性的事實列入考慮：

1.人們通常對你、你的興趣或你的問題不如他們對自己的興趣濃厚。

2.大部分的人都想要從人生中得到以下兩點：成功和快樂。

3.一般來說，人們都有欲望想要成為舉足輕重的人。

4.他們想要被讚賞。

5.他們想要你全心全意的傾聽他們說話。

6.人們必須覺得你真心尊重他們，才會與你產生默

契。

7.大部分的人都是用情感來做決定，然後用邏輯來解釋他們的決定。

8.一般人的注意力是很短的。

9.興趣相投的人會自然產生和諧氣氛。

10.人們都希望被他人了解。

11.人們會被真正對他們感興趣的人吸引。

12.大部分的人都喜歡教別人東西。

13.人們都想要與那些可以在生活的某些層面上幫助他們的人往來。

不是每一個人都擁有這些特質，而且各人的強弱程度也有所不同。很多人會說這些特質適用於其他人身上，但卻不適用於自己。顯然的，有些人（你的母親或你的配偶）對於你、你的想法和你的問題是感興趣的。但一般來說，大部分的人對自己比對其他人要感興趣，當你顯示出你對他人比對自己感興趣時，你就變得與眾不同，而且建立了關係。此外，人們對成功和快樂的定義也有所不同，一個人可能認為擁有一棟大房子和昂貴的汽車就是成功，但另一個人可能認為教書是一種成功，第三個人可能認為為非營利組織工作就是成功。

無論如何，這十三種特質都是個起頭。重點是，這一切不是以你為重心，而是以他們為重心。戴爾‧卡

內基（Dale Carnegie）在《如何贏得朋友並影響他人》（How to Win Friends and Influence People）一書中說：「如果你對他人產生興趣，在兩個月內能夠交到的朋友會比如果你要他人對你產生興趣，在兩年內能夠交到的朋友還多。」因為你必須以他們為重心，因此你必須了解他們的思考方式。之所以提出這十三點，目的是要你開始用他人的角度來思考。

記住，如果你想要攀爬人際關係金字塔，你就必須帶著真心與誠意；如果你不是真心珍惜他人，對他們及他們的生活感到好奇，對方也不可能會珍惜他們與你的關係；如果你不是真心對他人感興趣，他們也會感受到你的虛情假意，不僅不會尊敬你，更不會珍惜和你的關係。

別忘了，每個人都希望別人覺得自己很重要。心理學家告訴我們，人性中最深的欲望就是凸顯自己的重要性。那是我們最強烈、最無法抗拒、非生物性的渴望，而想要和那些讓我們覺得自己有價值的人來往、做生意或是生活。讓我覺得自己很重要，我可能就會喜歡你，聽你說話，我更有可能跟你買東西。

你要讓我覺得自己很重要，第一步就是聽我說話，讓我說話，不要談論你的事，而是談我的事，注意我、了解我、跟我學東西、為我做特別的事。我想要成

就些什麼，我想要當個特別的人，而你可以幫我達到那
個目標。

問對問題

　　正如我在第六章中所說的，你需要問問題來決定
你的產品或服務是否和潛在客戶的需求相符合。你也需
要問問題來決定他人珍惜的是什麼，這也是建立關係過
程中的第二個步驟，當你了解對方珍惜什麼之後，也就
建立了業務關係。我發覺有些銷售人員，雖然他們同意
我先前所說的話，但卻不知道該問些什麼問題。

　　你的目標是找出共同點，共同朋友、興趣或是問
題，如果你一下子無法看出共同點，而對方在乎的事你
卻又了解不多，那麼你就必須從他／她的身上學習。

　　大部分的人都覺得自己很有意思（即使是那些自
稱無趣的人），而當別人似乎也覺得自己有趣時，都會
覺得受寵若驚。大部分的人也都喜歡告訴別人自己的經
驗，無論是勝利還是失敗，但很少有人有足夠的機會找
到樂意傾聽的對象。如果你問開放式的問題，表示自己
是個樂意傾聽的對象，而且這是無法偽裝的，你就能夠
建立正面的業務關係。

　　但除非你知道對方珍惜什麼，並且根據你所獲知

的資訊採取行動，表示你很在乎，也就是這個過程中的第三個步驟，否則你就陷入了僵局。人們對你或許友善，但你還是無法完成什麼大事。他們不會把心裡真正的問題告訴你。他們不會像那些真正了解你、信任你的人一樣的聽你說話，業務關係的本質比私人關係要難開始。

當你在私人場合認識別人時，通常你們都有一些共同點，可能興趣相似、有相似的政治關係或宗教信仰，也可能住在同一個社區、上同一間教堂，或是受邀參加同一個宴會。

然而，當你初次與他人在工作場合上見面時，你可能不知道你們之間是否有任何共同點，甚至不知道對方公司的價值觀為何。你毫無所知的走進一個會議，必須打破所有的不確定因素，找出那個能夠連繫你們的人性因素。

因此，找出對方認為什麼重要是關鍵，更重要的是，你必須從他們身上找出來。你必須讓對方談他們自己的事。當他們告訴你私人的事，你們之間就開始有了互動，並且加速在關係建立的過程中前進。這也就是為什麼你在貿易雜誌上看到的資訊、行業中的傳聞、一位共同朋友告訴你有關潛在客戶，或顧客最喜歡的度假或高中經驗，都不如讓對方親口告訴你來得重要，由對方

口中說出來就是不一樣。每當我們在訓練研討會上做打破僵局的練習時，我發現當人們在談論自己時，總是會微笑、精神集中，而且很有反應。兩個人有意義的對談時所產生的那種氣氛，絕對比單純的知道對方喜歡打高爾夫球或從維吉尼亞州軍校（VMI）畢業這種事實還要來得重要。用以下這些問題來引出那些正面的情緒：

1.你不工作的時候都做些什麼事？

2.你是哪間學校畢業的（而你又是如何選擇這間學校的）？

3.你是哪裡人，在成長過程又是如何？

4.你的高中生活如何？

5.你有空的時候喜歡看什麼書？

6.你選擇從事這一行（對方的行業）的原因是什麼？

7.告訴我你家人的事。

8.你最喜歡去哪裡度假？

9.有哪些地方是你想去度假但還沒有機會去的？

10.你加入了哪些社區組織（如果你有時間這麼做的話）？

11.你喜歡參與何種運動？

12.你喜歡觀看何種運動？

13.如果你可以拿到觀賞任何活動的票，你會想要

哪一種？

14.你決定搬來這個地區居住的原因是什麼？

15.有什麼事是你想做但一直沒有時間做的？

16.告訴我一件關於你自己的事，而且是會令我驚訝的。

這些問題都是開始問問題的方法，而每個問題的答案可能或是應該可以引出更多問題。值得一提的是，這些問題和其他所有設計用來蒐集資訊的好問題一樣，都是開放式的問題，答案是沒有對與錯，目的在於讓人們開始談論他們自己。唯有當人們談論自己時，才能找出你們的共同興趣，並且找出真正對他們重要的事。此時，你問問題不只是要了解顧客的業務，好讓你能夠設計出產品和技術方面的解決方案，來解決他們的問題，雖然那也是過程之一。這裡的重點並非在交朋友，而是建立一段業務關係，並且樂在其中。

你在商場上可能會遇到一些人，他們對於談論私事感到很不自在。但即使他們不想談論私事，而你應該可以從他們對私人問題的反應上，很快的感受到這一點。要建立一段關係，你必須了解你的談話對象覺得真正重要的事物是什麼。

如果問出好問題，並且用留意、主動的態度傾聽，就可以為自己開路。「告訴我，你不工作的時候都

做些什麼？」比起「你有嗜好嗎？」要有效得多。首先，許多人都沒有嗜好，或者他們有嗜好，但他們不把那些事稱為嗜好。第二，每個人在不工作的時候都會做點別的事。（就算他們無時無刻的在工作，這句話也透露出另一個重要的訊息。）他們不工作時所做的事或許可以告訴你，他們對自己這份工作的感覺。他們討厭這份工作，而工作的目的只是為了資助他們從事不工作時的活動。或者，他們非常喜歡這份工作，將來有一天打算經營這家公司，這也可能會透露有關於他們的家庭生活、社交生活，或是事業野心。

如果你確定對方有唸大學，你就可以問：「你大學唸哪裡？你又是如何選擇那間學校的？」如果你不確定對方是否唸過大學，你就可以問：「你是唸哪間學校的？」唸過大學的人通常會說出大學的名字來回答這個問題。但不要認定某人曾經唸過大學，尤其有些人可能對於自己沒有唸大學感到特別敏感。

你不只需要注意即將發生的事，還有剛剛發生的事。如果一位顧客剛從巴里島度假兩個星期回來，這就是你談論假期的大好機會（同時可以知道一些有關巴里島的事）。你決定要去巴里島的原因是什麼？你喜歡那裡的什麼？你會想再去嗎？

仔細傾聽的目標是讓你可以繼續問一個相關的問

題。事先策畫要問什麼問題，可是不要用死背的。至於，下一個問題是什麼？你應該要主動的傾聽對方在說什麼。我所建議的那些問題都是設計用來讓對方敞開心胸開始說話的。一旦對方開始說話，你就必須做到以下兩點：表現出真正的興趣，並且對對方產生自然的好奇心。如果你有真正的興趣和自然的好奇心，你就能夠自然而然的問出接下來的問題。

記住，即使你已經知道答案，依然需要問那些問題，讓對方告訴你有關他們自己的事。當人們告訴你喜歡什麼時，你們的互動就會產生一種氣氛。那會讓他們更喜歡你，對你產生不同的感覺，因為你鼓勵他們告訴你關於自己的事，就等於是讓他們對自己產生好感。

當你問這些問題時，你想要知道的是人們所珍愛的活動、目標和夢想。如果你能夠鼓勵人們談論他們所珍愛的事物，無論是在私人層面還是工作層面，你都已經開始建立正面的業務關係。但還是要提醒一點，不要假設、不要猜測、不要預設立場，以為自己知道他們珍愛什麼。問問題可以幫助你了解什麼事物對他們重要，不管是私事還是公事。在工作方面，你會想要知道顧客和他的公司現在想要做些什麼。公事方面的問題包括：

1.目前你在工作上必須處理哪些挑戰，是我或我的公司或許能夠幫得上忙的？

2.在這一行目前最令人感到挫折的是什麼？

3.你認為一個優秀的銷售代表需要具有哪兩三項特質？

4.如果所有的工作薪水都一樣，而你可以重新選擇的話，會選擇什麼樣的工作？

如果你和對方很熟，他們幾乎什麼事都會告訴你。我有時候會請別人解釋他們的考績是如何被評量的，如果評量標準是根據他們在某個問題上的貢獻，那麼你就可以幫助他們改善，同時對自己也有助益。從你問問題取得的資訊來計畫對談的方向，進而建立關係。如果我知道某家公司在計畫擴張，我就會向他們推薦供應商、適合工作人選和借貸銀行。

要了解什麼事物對別人重要，你就必須問對問題。可以問的問題有成千上百種，而一旦對方開始告訴你什麼事物對他們重要，你就應該要想到別的問題。還有，你一旦知道別人珍愛什麼，你也可以計畫一些無私、體貼的行動，讓對方知道你認為他們是很重要的。

你的行為

建立良好業務關係的第三要素就是你的行為。業務關係不是建築在心態或資訊上，而是建築在行為上。

人們會隨著時間經過評估我們一貫、持續、可預測的行為，同時也藉此來斷定我們真實的一面。因此你的所作所為，以及你的每個互動，都如此意義重大。當人們認為你長期以來一貫、持續、可預測的行為證實他們需要和你產生關係，也唯有在那個時候，你才能夠到達金字塔的頂端。

　　當人們信任你、覺得跟你親近時，雙方就有了良好的關係，因此你在打造穩固的關係時，目標是鼓勵顧客和潛在顧客信任你、走向你。要建立信任，你必須展現PICK：專業（Professionalism）、正直（Integrity）、關心（Caring），以及知識（Knowledge）。

　　你的專業在於你做事情的方式，也就是大家期望你這行的高手具有何種技巧、能力及性格。你的正直在於你能不能堅守道德高標準、專業水準，或者兩者兼顧。至於知識，則是在表達見解、陳述專長時呈現。

　　你的專業、正直及知識通常專屬於你的行業，例如對藥商代表、工程師、會計等職業而言都有所不同。另一方面，關心這一項不受限於職業，你所展現的關心會超越業務、職業、行業，以及工作職責。當你表示在乎關心時，等於是將人們拉得更近，同時也展現專業、正直，以及跟職務有關的知識，此刻的你就是在全力打

造這段關係。

　　根據人們告訴你的資訊，可藉由出乎意料、不貴、體貼的行為，來展現你對他人的同情、關心和體貼。當你長期以來表現出關心他人，重視他們的感覺、欲望、夢想，也就表現出你是一個有愛心的人。你的行為會證明你確實傾聽顧客的聲音，而他們對你而言是很重要的。他們也表示你和大部分的銷售人員不一樣，而這是你的一大目標。

　　要建立一段關係，光是知道對方喜愛什麼是不夠的。問問題只能給你資訊。要實際發展一段關係，你必須根據資訊用行為和物品來證明。我指的並不是傳統送的「公司禮品」，例如高爾夫球、旅行用鬧鐘、鋼筆禮盒，以及印有公司商標的咖啡杯，當然也不是在說高爾夫之旅、週末假期、晚餐或表演秀。

　　有時候，慷慨的你（或者只是所在行業的標準行情）可能會想要送對方一份相當昂貴的禮品，但對方或許基於法律或公司政策的理由，無法接受你的禮物。如果你有疑慮的話，先和人事部門確認（或是公司律師）。

　　由於你想要建立良好業務關係的對象是個人，我無法列舉一張清單，告訴你哪些行為是一定會成功的。要建立良好的業務關係，你必須注意人們所說的話，並

且讓對方知道你在傾聽，以下就是一些讓潛在客戶和顧客知道，你認為他們很重要的方法。

注意任何重要日期、名字、人、目標、地點、特殊事項、重大事件、最喜歡的食物、唸過的學校等等。重要日期因人而異，但對大部分的人而言，重要的個人日期，例如生日和結婚紀念日，其他可能則包括公司成立日，個人加入公司的日子、畢業紀念日，以及任何其他在人生中有意義的日子都是客戶想要記得的。

當你知道某個日子很重要時，將它記在行事曆之中，並在那一天做些表示，像是打一通電話、寫一張卡片、買個蛋糕，或是請對方吃頓飯，這些都不需要花很多錢。如果你知道對方喜歡讓大家知道他的生日，那麼就別忘了讓公司的人知道那一天的到來。

重要的名字則包括孩子、配偶，以及其他和對方親近的人的名字。對大部分的人而言，孩子通常是最重要的，和顧客一起工作時，別忘了問孩子的名字和年齡，知道他們唸幾年級，都做些什麼活動或打什麼球。因為那些興趣很可能跟你自己的孩子一樣，或是跟你的配偶甚至你自己一樣。還有，最重要的一點，把這些資訊記下來。

以下的故事是關於我的財務規畫顧問約翰：十二月中的某個星期六，我和四歲的孩子在一家三明治店，

這時我的手機響了起來，是約翰打來的。他問我在做什麼，我告訴他剛吃完午餐，他問我小孩是否和聖誕老人照過相了，我說還沒有。

約翰說我們應該到他朋友開的一家家具行去。那位朋友在聖誕節時，總會在星期六請聖誕老人過去，然後邀請好主顧帶他們的孩子前來和聖誕老人見面、照相。但這和傳統在購物商場排隊等著和聖誕老人照相不同，這個聖誕老人坐在一張大椅子上，他們還提供了飲料，在排隊的不超過兩個人，小孩子可以坐在聖誕老人膝上十五分鐘，攝影師也會替你免費拍照。

約翰說：「這個傢伙長得和聖誕老人一模一樣。這裡一個人也沒有，而且不會有其他人過來。如果你兒子想要和聖誕老人一起拍照的話，趕快到這裡來吧，他會在這裡待到三點半。」之後，我去接我的妻子，然後一起到那家店去，孩子們玩得很高興，而我們也帶了一張很棒的照片回家。這就是一個不貴、出乎意料、又體貼的例子，讓我知道約翰真的在乎，也就是這種事情讓我很容易並且想要和他做生意。

個人數位助理（PDA）可以記錄這種資訊，而且方便找出來。當你和一位顧客談話時，問他某甲和某乙的事，以及他那個想當模特兒的姪女，假使你知道顧客或同事的孩子從事某種活動，例如橄欖球、籃球、足

球、演戲、跳舞，無論是什麼活動，如果你的時間許可，就去看看。更好的是，去參與那項活動，可能是男童軍、女童軍、青年商業社（Junior Achievement）或是體育。在我女兒小時候，我曾經當女子壘球的教練，不僅是為了她，也是因為我最大的客戶之一也在當女子壘球的教練。那是我可以在辦公室以外的地方認識他的好機會，後來我們也成了最要好的朋友。

特殊事項包括生活方式、活動，以及興趣。生活方式指的是例如吃素、參與解決社會問題的組織（擔任教會或慈善機構的義工）、參與關心環保問題（開省油車、只買有機蔬果），即使是只有工作沒有娛樂的生活，也算是一種生活方式。

活動包括體育和嗜好：高爾夫球、網球、滑雪、釣魚、健行、狩獵、籃球、飛盤、航海、木工、織毯、園藝、電動玩具、繪畫、攝影、集郵和硬幣收藏等，簡直列舉不完（幾乎每一種活動都出版了一本以上的雜誌）。

興趣包括股市、國際事務、當地政治、宗教、書籍、電影、歌劇、占星、橄欖球、足球、棒球等，這張清單比個人活動的清單還長，因為大部分的人興趣多於實際從事的活動。

一旦知道對方的特殊事項之後，就可以注意報章

雜誌上與他們興趣相關的文章。一般來說，相關資訊幾乎總是出人意料、不貴，而且體貼的。剪下一本新懸疑小說的書評、一篇有關豆腐益處的文章，或是關於宗教建築的故事寄給對方。網路也讓人能夠輕易的轉寄一些特殊事項的文章和網址給顧客。如果你和某位顧客或潛在客戶有相同的興趣，那是再好不過了，但是如果沒有相同興趣，也可以利用這個機會去了解這個主題。

　　想想對方心目中那些可能很重要的人，或許是相關行業的領袖、知名的高階主管。你認為認識誰對於這位潛在客戶或顧客會有助益？如果這個人曾經出過書，帶他的書去送給對方。如果這個人住在當地，安排你們三個人見面喝杯咖啡、喝杯酒或一起吃晚餐，幫助顧客接觸他們認為重要的人物。

　　顧客想要在業務和私生活上成就些什麼？找出你們之間的共同目標。假設你認識一個人，她的目標是跑馬拉松，你或許沒有準備好（或能力上不可能）跑馬拉松，但當她跑的時候，你可以在場加油；假設你認識某人，而他想要建造一座日式花園，你可以幫他找一些訣竅和建議；如果你知道對方的個人目標，則可以在對談中提到那些話題，當他們達到目標時，記得到場祝賀。試著找出一些你和他們的共同點。

　　人們生活中的重大事件包括國定假日或宗教節

日，例如感恩節、元旦、聖誕節、猶太贖罪日等，但也包括婚禮、升官或是喪事。最後這一項尤其重要，因為人們通常會在不好的事情發生時迴避他人，適時在對方壓力重的時候做出體貼的行為，可以帶來意想不到的結果。

找出各種方法慶祝特殊節慶，可以寫句賀詞，可以手寫卡片、E-mail或傳真，或是打通電話，寫一句「惦記著你」之類的話。切記，顧客和同事可能和我們不同，慶祝不同的節日、傳統，或是歷史。

對我來說，和一個跟我完全不同的人發展業務關係，比起一個和我相像的人建立關係要容易得多。我通常會說：「請原諒我的無知。」我承認對佛教、英國煙火節（Guy Fawkes Day）或選擇不用電的生活了解不多。但你大可以發問，大部分的人都喜歡與別人分享那些對他們很重要的想法和經驗。

如果你知道對方喜歡墨西哥菜，或日本菜，或印度菜，你該怎麼做呢？如果某人喜歡外包巧克力的咖啡豆、煙燻鯡魚、丹麥餅乾呢？介紹他人前往當地或外地的好餐廳及新餐廳，也可以送他們一本食譜，或是分享烹飪方法。

重點是想辦法了解對方，一旦知道那些重要的事之後，把它們寫下來。我都是用手寫的，但有些人會用

PDA、電腦等，用什麼都無所謂，重點是由於我們的記憶力都不夠好，所以我們不得不把這樣的資訊記錄下來。如果你知道某個顧客或同事在大學時代很風光，你要如何運用這項資訊呢？（如果你沒有把這點記錄下來的話，你根本用不上。）我曾經住在維吉尼亞大學所在的夏洛特維爾（Charlottesville）。我的顧客查理·米勒（Charlie Miller）是一位為母校瘋狂的維吉尼亞大學校友，住在距離大約六十哩外的艾爾科頓（Elkton, Virginia）。

有一年，維吉尼亞大學贏了全國邀請盃籃球賽冠軍，當地的報紙也刊登了一篇關於該校隊和比賽的特別報導。我還記得自己將報紙扔進垃圾桶的時候，一邊還想著，「我敢打賭一定有顧客會想要看這則報導……可是是誰呢？」問了這個問題之後，我就有了答案，就是查理·米勒。

我寫了一張字條，「米勒博士，我想你會對這則新聞感興趣。」我把紙條貼在新聞上方，然後寄去給他。兩個星期之後，我到艾爾科頓去出差，他很熱情跟我打招呼的態度，彷彿我是最好的朋友一般，並且把我當成唯一的供應商般的猛下訂單。我們以前關係就不錯，因此我才知道他是狂熱的維吉尼亞大學校友，但那個星期天，我們的關係又突飛猛進了。

　　如果你們公司在全國各地都有銷售代表，而你有一位顧客經常談論當年他在聖母大學（Notre Dame）、聖母大學橄欖球隊、德州大學或俄亥俄州大學的風光日子，你就可以很輕易的拿起電話，打給印第安納州南班德市、德州奧斯汀市，或俄亥俄州哥倫布市的銷售代表說：「請寄星期天的報紙給我。」通常那上面都會星期六球賽的報導，只需要花兩塊錢買報紙，就可以買到增進雙方關係的機會。

　　你可以幫對方安排和學校有關的事宜，如果你認識社區中從那所學校畢業的人，就可以和他們共進午餐或一起參加特殊場合。然後，當你的顧客或同事的小孩考慮進那所學校時，那些人就成了你的資源。「柯林想唸維吉尼亞大學嗎？他應該找查理‧米勒談談。如果需要的話，我可以替你安排。」

　　有些人喜歡每年到同一個地方度假，其他人則每天都想去不同的地方；有些人對於他們從小長大的城鎮感到懷舊，其他人則已經開始在規畫退休。知道一個地方的重要性，以及它對潛在客戶或顧客為什麼重要，你又能拿這樣的資訊做什麼呢？剪下有關那個國家或城鎮的新聞寄去給對方，或是花點時間在網路上轉寄有關風景、餐廳或活動的網頁。如果你去過某個國家、地區或城市，可以推薦對方會喜歡的景點、小鎮或活動。

出乎意料、不貴又體貼的行為不一定會產生立即效果，但也有可能完全不會有效果，可是那麼做依然是對的。你所種下的每一顆種子不一定都會發芽，但如果你要的是蔬菜，那麼你種下越多顆種子，就越有可能會長出你想要的結果。

規畫關係藍圖和跳躍金字塔

規畫關係藍圖指的是列出一張清單，清單中的人都是你必須建立或開始建立關係的人。你應該要刻意並且有策略的與這四種人建立關係：

1.組織內對你的成功很重要的人：你需要這些人幫助你完成工作，可能包括客戶服務代表、倉儲人員、財務部門的人，他們可以讓你的工作變得更輕鬆。這群人包括各個不同職位的人，不只是銷售部門、會計部門或工程部門的人，而是來自組織各個不同階層。

在很多情況下，我們都必須試著從遠處建立關係。你可能住在奧瑞岡州的波特蘭市，但你們公司的總部在底特律，你要如何確保關係藍圖的對象是正確的呢？又要如何從你住的地方和他們建立關係呢？大部分的人都使用E-mail、電話、和語音信箱，但那些不見得是最有效的溝通方式，最有效的訊息是同時經由你所說

的話、你的面部表情及肢體語言傳達給對方的。這也就是為什麼，現場演講者比起電視上的影像要有效得多，而電視上的影像又比收音機上的聲音要來得有效。每當使用E-mail或語音信箱，就可能降低了有效傳達訊息的可能性，因為對方無法看見你的表情或是你的眼神。

或許建立長途關係的最佳方式，是善加一起參加銷售會議、大會、會展等場合的機會。在任何聚會之前，列一張清單寫下所有你想要深入認識的人們和顧客，用心策畫見面時如何讓關係更進一步。花時間和那些關鍵人物一起共進早餐、午餐或晚餐。

2.組織外，對你的工作很重要的人：有時候潛在客戶是很明顯的，但在複雜的銷售過程中，這或許不是很清楚。因此規畫一份每個人都在內的藍圖是很重要的。

3.對你的事業成功很重要的人：可能是你的上司、人事部主管、上司或是公司內的其他人。如果這些人可以幫助你了解未來的某個機會，或是幫助你獲得機會，那麼你就必須認識他們並發展出關係。這些資源也可能來自公司外部人員，例如教練、良師朋友或是配偶。這些人會與你分享他們的見解和經驗，當你犯錯時他們也會告訴你或是建議你可能會忽略的選擇。

4.你需要修補關係的人：對大部分的銷售人員而言，這些人是過去組織中因某些事物疏遠的潛在客戶或

舊顧客。很少有人會故意冒犯顧客，不過卻無可避免，而我們必須想辦法解決問題。銷售成功的關鍵就是辨識出你在哪裡冒犯了顧客，並找出方法來修補關係，讓你能夠繼續與對方做生意。或許不是在私人層面冒犯對方的，也可能你的產品或許沒有達到某個規格標準，或是因為競爭對手強迫你不得不這麼做，或是被競爭對手所陷害，所以顧客才覺得不高興，也有可能是因為過去公司曾經有人承諾某件事情，但卻沒有做到。

有趣的是，當我在訓練學員時問道：「你需要和公司中的什麼人建立關係才能成功」的問題時，大部分的人除了基本答案就回答不出來了：上司，以及上司的上司。他們從來沒有好好想過其他的微妙關係，甚至於不知道人事部主管是做重要決策的人。例如以後想要請調到行銷部門的話，就應該和產品經理發展關係。

你需要定期為自己找擁護者，唯一的辦法就是擁有一套完備的關係藍圖。此外，如果你為一家公司工作，那麼當你在做關係藍圖規畫時，別忘了把藍圖給你的主管看。你的主管和你必須同意藍圖上應該有什麼人。一位支持你的主管不太可能把人從你的藍圖中剔除，而且可能還會加一兩個當初沒有設想到的人，甚至會幫你建立關係。

規畫關係藍圖和跳躍金字塔這兩個概念可以改變

你的人生。它們讓你從被動的角度來看待關係，轉變成主動、積極的態度，唯有當你精通攀爬金字塔和規畫關係藍圖的概念之後，才有辦法變得主動積極。

跳躍金字塔指的是主動追求對方，藉由金字塔中和你有關係的那些人，來激起火花。這就像是使用類固醇來建立關係網絡，不只是攀關係，而且是攀好關係。關係的力量取決於你在某人金字塔上的位置，利用跳躍金字塔，可以增加生產力和效率，因為可以接觸那些對你有幫助的人。向我們認識的人求助，其實大部分的人都會不自覺的這麼做，只是你的態度更主動積極罷了。

但要做到這點，必須知道對方的金字塔上有誰。當一個朋友問你是否認識一個不錯的水管工，而你推薦了一個值得信賴的人，你就幫助了那位水管工從你的金字塔上跳到了你朋友的金字塔上。當某人向他人推薦你，而你也與對方連絡，你就從一個金字塔跳到了另一個金字塔。大部分的人多多少少都會這麼做，但我們或許可以發展出一些技巧，並且做得更好。

跳躍金字塔不是一般的建立關係網絡，建立關係網絡指的是在業務場合遞出越多張名片越好，是當人們把他們的個人檔案資料放在Friendster、MySpace、Facebook之類的網站上，或是在LinkedIn上登記註冊。有一個叫SimplyHired的求職網站，就朝著跳躍金字塔

的方向在走。SimplyHired和LinkedIn合作，使用者可以在每一則工作列表旁點選一個「我認識誰？」的按鈕，點選之後，LinkedIn就會搜尋它的使用者網絡，並告訴你曾經認識求才公司的什麼人（假設你也是LinkedIn的註冊用戶）。這是一種運用科技手法來跳躍金字塔的方法，但我建議的是比較個人化的方法。

很多人會把履歷表E-mail給我，請我幫他們找工作，期望我會把他們的履歷表轉寄給別人，但這並不是在跳躍金字塔。真正在金字塔間「跳躍」或移動，你必須更進一步的善用那段關係。因此，如果有人和我夠熟，足以把她的履歷表寄給我，她大可以打個電話給我說，「我正在找工作。事情是這樣的……，你有沒有認識藥廠的人，而且正在德州找人，可以介紹給我讓我連絡的？」我會告訴她認識哪些可能的人選，而她也可以名正言順的問，「你認為我該如何與他們連絡呢？或者你替我連絡他們比較妥當？如果你覺得那樣比較好的話？」

我比較喜歡打電話，而不只是寄封E-mail。如果有人要我幫忙轉寄履歷表，我會很樂意那麼做，但用那種方法建立關係的機會並不大。如果你特別請我幫你從我的金字塔，跳到另一個人的金字塔，我就會幫你那麼做。如果有人問我，我一定會推薦在我金字塔最上層

的人，如果一位銷售經理知道我有人脈，她可以請我推薦一位銷售人員，而我會推薦在我金字塔最頂層的某人（或是兩、三個人）。

還有，根據狀況這個人不一定要在我金字塔的頂端。我會推薦一位可靠的修車工或精準的會計師，雖然他們可能和我的關係沒有那麼密切。就算你不在某人的金字塔頂層，那個人通常還是會願意把你介紹給別人，只要他們相信這麼做不會顯得愚蠢或帶著惡意。畢竟有誰會推薦一個笨拙的修車工或一個扯後腿的銷售人員？你或許不在我的金字塔頂端，但只要我確定你不會讓我丟臉，我就會推薦你。

要知道誰在誰的金字塔頂端並不容易，因此你必須問問題。你認識誰？過去六個月你認識了什麼人是我應該知道的？舉例來說，我最近和一位好客戶聊天，我問他是否認識什麼大廣告公司的老闆，他給了我一個名字，我問他是否願意介紹我們認識。他說：「當然。」第二天他寫了一封E-mail給那位廣告公司老闆，同時也傳送了副本給我，E-mail中說我們需要見個面。我和對方連絡上，他也回了信給我，然後就約好在電話上談。

倘若我沒有開口問我客戶是否認識廣告公司的老闆，是絕對不可能從他的金字塔上跳到廣告公司老闆的金字塔上的。同樣的，我的客戶也不可能自己把那個資

訊告訴我，因為他根本不知道我在找人。跳躍金字塔就應該是這個樣子的。

慢慢採取行動

　　長期下來的行動可以展現出你的誠意和內涵，這也是你有別於其他銷售人員的地方。前提是必須花時間慢慢來，你不能期望在某一次做某件事之後，就可以得到報償，而且得分並不會被累計。長期下來做出乎意料、不貴又體貼的行為，可以展現你的運作方式，這也是你的真面目。出乎意料、不貴又體貼的行為就等於在說：「我想到你，你對我很重要，我和其他業務不一樣。」

　　正面的業務關係是構築在行動上的。出乎意料、不貴又體貼的行為不僅代表了你是誰，同時也說明你如何對待別人，那並不表示這個行為絕對不能是昂貴的，但不貴的或許比較好。

　　我有一位朋友是報社的發行人，她對於手下的一些銷售人員感到頭痛，因為廣告業績來得不如預期中的快。其中一位代表在和亞利桑那州的一家商店洽談，希望他們能夠成為顧客，她經常帶著報紙到那裡去，並且和商店中的人談話，可是卻一直都沒有機會碰到老闆。

然而，發行人卻期望：「他們應該要在我們的報紙上登廣告，因為我們經常過去，應該要跟我們買才對。」

在這個過程中，報社編輯參加了我們所舉辦的一個工作室。當她了解建立關係的重要性之後，也發覺除非報社說服商店老闆報紙是廣告媒介，否則商店老闆是不可能登廣告的。她領悟到，報社根本沒有資格不高興，因為它根本還沒有爭取到向商店老闆要生意的權利。那位編輯把這個理念告訴那位代表，並且幫助她重新策畫銷售計畫，專注在和老闆洽談上，在見面之後，也開始和他建立關係，而廣告版面的銷售也大大的改變了。

林肯總統曾經說過：「如果你想要把一個人拉到你的陣營來，首先必須先說服他，你是他真心的朋友。」很多時候，我們都太在意自己要什麼，卻沒有考慮到潛在客戶或顧客要什麼。

本書一再強調，勝利的最佳組合就是要有正確的心態、高績效的銷售過程，以及珍貴的業務關係，這樣才能達到銷售成功。但還有一點是必須討論的，因為光是有高明的銷售技巧，但卻沒有機會，那麼對銷售人員來說還是死路一條。

10

開拓業務可以推動你的未來

你可能已經融會貫通了茲格・茲格勒（Ｚｉｇ Ziglar）、傑弗瑞・吉特莫（Jeffrey Gitomer）、布萊恩・崔西（Brian Tracy）等大師的銷售絕招，但如果沒有足夠的機會進行銷售過程，你的麻煩就大了，因此我說開拓業務可以推動你的未來。無論你是領佣金或薪水的業務人員，或者是自己當老闆，你的未來都繫於開拓業務。

開拓業務包括四個動作：

1.保住現有客戶。

2.從現有客戶當中尋求新機會。

3.運用現有客戶替未來拓展業務。

4.開發新客戶。

如果忽略其中一項，例如只保住現有客戶，沒有開發新客戶，這樣一來，業務工作最終一定會遭殃。

要成功開拓業務，業務員必須多方位思考，其中有兩點最重要：如何利用時間，以及如何訂定目標。

所有的業務員都是自己的主人，不管業務狀況是什麼（也不管他們認為自己在做什麼）。他們在接觸顧客或潛在顧客時，結果只有兩種：有所作為或毫無作為。

他們可以用正確的心態、執行DELTA銷售過程成為世界級的業務高手、輕鬆建立業務關係，但若對開拓業務不擅長、不幫自己透過新客戶、現有客戶或現有客戶的親朋好友去創造新機會，業務最終勢必會陷入僵局，不是停滯不前就是遭到開除，兩者都不是令人開心的結果。好消息是，如果他們心態正確、過程正確、關係經營得正確，要開拓業務應該不至於太難。

保住現有客戶

你必須持續不斷評估開拓業務的機會。方法呢？認真分析現在情況，並問自己：目前的業務在哪裡？拓展業務的機會在哪裡？還沒跟我買東西的顧客在哪裡？可以打陌生電話或運用現有客戶去開發的新客戶在哪裡？最後，也許是最重要的一個問題：應該在哪裡停止乾耗？

　　沒有行動就沒有業務。我已經給了一套全面性的方法，鼓勵你從買方的角度思考、抱持正確的心態、執行經實驗證明有效的銷售過程、經營人際關係，最終的目的都是為了提高業績。但除非定期將這些想法付諸於行動、幫業務打好基礎，否則將一無所獲。在一天結束時，你知道什麼並不是最重要的，最重要的是如何拿出行動。

　　我跟許多人一樣，也將開拓業務看成漏斗。這不是什麼新概念，不過它極為重要。你必須問自己：漏斗裡有多少潛在客戶？而他們在漏斗的哪裡？你的漏斗應該擁有幾個補給站：已經有生意往來的客戶、現有客戶介紹的新客戶（跳躍金字塔）、透過廣告信函、陌生電話、廣告、人脈、參與活動等方法接觸到的潛在客戶。

　　因為現有客戶是最有可能繼續跟你做生意的一群，可能幫你從他們公司拉到更多生意，或者介紹新客戶給你，所以他們是你漏斗裡最重要的人，占的人數可能不多，因為我們一定是潛在客戶多過現有客戶。理想上，你已經跟這些客戶建立起正面、穩固的業務關係，可以隨時跟他們展開有意義的對談，而且非常可能留住他們，進一步擴大往來的業務量。

運用現有客戶替未來拓展業務

漏斗裡的第二個族群包括別人介紹給你的潛在客戶。大部分的銷售員都知道要主動請感到滿意的客戶介紹，例如有客戶介紹新客人來，唐卡絲的服飾銷售員琳達・穆倫會送上一百美元表示感謝。然而，所有的業務經理都知道，並不是每個業務員都會積極追蹤這些資料。

再者，所謂的介紹分為有力和薄弱兩種。最有力的介紹是跳躍金字塔，你在某人金字塔的頂端。薄弱的介紹是某人說：「你應該打電話給鮑伯・羅斯。」然後你打電話給鮑伯，說道：「傑瑞・艾科夫要我打電話給你。」這是介紹沒錯，而且不是陌生的電話，但不夠有力。如果介紹人先打電話知會一聲，那就比較有力：「鮑伯，我有一個朋友會打電話給你，到時候麻煩你接一下。」最有力的介紹是，除了打電話之外，介紹人還安排三方會面。

開發新客戶

第三，你漏斗裡最大的一個族群是你透過廣告信函、廣告、個人人脈、陌生電話、社交場合、演講等接

觸到的潛在客戶。我不會說陌生電話完全沒用，因為曾經有個朋友靠陌生電話獲得一千五百萬美元的業務，另外還有許多企業都是以陌生電話作為基礎。但根據我的經驗，從不認識的潛在客戶切入並非開拓業務最好的辦法，最好的方法是先認識對方。

盡量爭取在相關會議上發言的機會，例如參加社交活動。加入商會，儘量保持活躍，以增加人脈，無論是可以跟你做生意的人或可以介紹生意給你的人，總之，你一定要多認識人。我有時會受邀在會議上或大學裡演講，如果是後者，不僅有機會教導青年學子，還可以接觸到與大學有關的企業，他們都是潛在客戶。至於在會議上演講，我會提高自己的能見度，這等於是開發新客源。

不久前，我在費城的一場會議上發表半小時的演說。結束後，有一群與會人士來找我，公司派他們來找專家協助革新銷售文化，於是我從這場會議得到了一位大客戶。

如果你可以創造機會讓顧客都齊聚一堂，向他們進行簡報，介紹產品或服務，那將是非常有利的做法。我和同事最近舉辦了一場研討會，結果吸引了來自十一家公司的三十二名與會者，其中已經有三家公司跟我們簽了約，金額遠超過舉辦研討會的成本。

　　把自己放在有利的立場，開始打造你可以運用的關係。這種機會有很多，但重點必須擺放在打造關係，而不是開拓業務，待成功打造好關係之後，業務自然就會跟著來。

　　這意味著開發新客源時，心態是很重要的，你可能是想要得到新客戶，也可能是想要先認識對方，然後再見機行事，而這兩者進行的方法有所不同。

　　有一次穿著我維吉尼亞軍校的運動服去看「亞利桑那紅雀隊」（譯註：一支美國職業美式足球球隊）出賽，坐在我後方的男子也是買當季聯票，他拍拍我肩膀，問我是不是來自維吉尼亞州，我說我是曼菲斯人，但在維吉尼亞州求學。他說他也是，畢業於念維吉尼亞理工學院（Virginia Tech）。由於，維吉尼亞軍校和維吉尼亞理工學院這兩所學校向來是死對頭，於是我們一下子就聊開來了。

　　等到紅雀隊再次出賽時，約翰和我又開始天南地北的聊。球季快結束時，我問他是做什麼的，他說是理財規畫顧問，還說我們應該找時間一起吃個午餐，當時剛好對我的理財專員感到不太滿意，而我又跟約翰聊得很投機，於是對午餐的邀約欣然允諾。

　　後來我們一起午餐，但自始至終都沒有談到理財的問題，我們聊美式足球，也聊維吉尼亞州，聊天中

我們意外發現另一層淵源，我在當球隊教練時，剛好他唸高中的弟弟是校隊，兩隊曾經在球場上廝殺過。接下來，他開始問我關於工作的問題，過程中他激發興趣、引導我參與、了解我的情況。

之後，我們開始固定聚餐，從跟約翰的相處及互動，我清楚的知道，他是我想在工作上有往來的人，因為他擁有PICK——專業、正直、關心、知識。最後他問我有沒有理財顧問，我說有，他問我是否滿意，我回答稱不上滿意。現在我夠了解約翰，我知道如果當初我說滿意，他不會要我換理財顧問，因為他的服務不符合我的情況。然而，但現在他是我們的理財顧問了，協助管理資產，而且我已經自願幫他介紹了三、四位新客戶。

這個例子說明了你在開拓業務時應有的心態，必須從建立關係開始做起，由現有的顧客和潛在顧客開始拉關係，並在已經打造好關係的對象當中，發掘誰有可能介紹新客源給你？一旦線牽好了，你要如何準備去跟新顧客會面？

你的目標是取得平衡，一方面管理好現有客源，一方面開創新商機。如果偏重開創新商機，忽略現有客源的未來，那麼將無法得到長期的成功。所以，跟規畫關係藍圖一樣，也要落實「鎖定新客源」的概念，誰是

應該鎖定的新客源呢？

有些潛在顧客永遠都不會成為我們的顧客

說起來令人難過，即使我們花了寶貴的時間，有些人還是永遠都不可能進行購買。原因很簡單，對方的妹妹剛好幫競爭對手工作，所以無論你的銷售台詞多麼棒，畢竟血濃於水，理性和邏輯也只能放在一邊。當然，除非你問對問題、了解真正的情況，否則有可能永遠都不會知道事實，試著好好利用時間去了解真相。

除此之外，還有些人就是不投緣，所以不想跟我們做生意雖然說有志竟成，但這需要很長的時間，只怕到時候已經人事全非了。正如歌手肯尼‧羅傑斯（Kenny Rogers）唱道：「你得知道何時認輸退場，把時間花在對的人身上。」除非你把時間投資在對的方向，否則只會遭受慘敗。

如同前述，潛在顧客不買的原因有三個：你的發言無法引起共鳴，他們有難以脫離的關係，他們在生某人的氣，通常是你公司裡的人（有時是你）。要跟這些人做生意，唯一的辦法是了解情況、解決問題。

除了對機會的評估很重要之外，還得評估潛在顧客的需求，以及當下處理問題的意願。時間管理涉及到

的不只是，有多少時間花在開拓業務上，它還包括花多少時間跟現有顧客做生意、開發可成的潛在顧客、開發無望的潛在顧客。有許多人會絆住你，而如果讓他們這麼做，就是在犧牲自己大好的機會。

業務員需要不斷問自己：「時間如何運用最好？」開拓業務背後的動力在於是如何利用時間。雖然大多數的業務員都相信顧客的時間很寶貴，但實際上業務代表的時間更加寶貴。如果業務代表耽誤到顧客的時間，顧客大概損失掉一小時，但對業務代表來說，一小時有可能表示錯過這輩子千載難逢的良機。

史密斯與奈菲（Smith & Nephew）的馬文·伯斯（Melvin Boaz）同意我的看法：「我曾擔任業務經理，跟業務代表共事過，曾經有顧客讓我們苦苦等候，三點的約，三點半了對方都還沒準備好要跟你會面，此時我會告訴對方的祕書或本人：『我知道你們現在不方便，而我也不能繼續等待，因為還得趕去赴別的約，我們是不是再另外約個時間吧。』」

馬文指出，你大可將這個時間花在真的想買東西的人身上。「無論如何你都不要坐在對方的辦公室裡空等，這好像你沒有別的事情可做，會讓顧客覺得你的時間一文不值。」

業務員誤用時間的情況有幾種：準備不夠充分、

弄錯對象（推託敷衍或無法購買的顧客）、沒有做到顧客的要求等，這等於是在終結自己的業務生涯。如果你把時間花在錯誤的對象身上，也就少了一個機會去認識正確的對象。

認清你想要達成的目標

首先你必須有一個特定的目標。奈波倫‧希爾（Napoleon Hill）在《思考致富》（Think and Grow Rich）一書中指出：一個人想得到，就做得到，相信什麼就做得到什麼。麥斯威爾‧莫茲博士（Dr. Maxwell Maltz）在《創意的自我》（Psycho-Cybernetics）一書中也表示，我們都擁有尋求目標的機制，好像熱導引的飛彈，清楚知道達成什麼是最重要的，一旦認清目標，宇宙就會將它引導來給我們，使它實現。

有計畫還不夠。首先你需要目標，你還需要白紙黑字寫下來。有了目標之後，接下來才是計畫，我的方式是：隨身攜帶筆記，定期檢視我的目標。第一個目標是在事業上獲得一定的成就。第二個目標是拓展跟某公司的業務，並列出可能的機會。第三個目標是跟另外一位現有客戶敲定業務，除了要這筆生意之外，合約的大小，心裡也應該有譜。第四個目標是和正在談的幾位潛

在客戶敲定新業務。而最後一個目標是鎖定並開發新客源，計畫明年要拓展的新業務。

重點在於妥善分配時間，所以不要把所有的時間都花在現有顧客的身上，導致沒時間開拓業務。如果你這麼做，會發現今年過得很充實，但明年會不知道要怎麼辦。現有顧客和新客源一樣重要，不能顧此失彼。

這表示必須對新客源在哪裡有概念，多少要知道如何運用現有的關係。最重要的一點，這表示你必須清楚知道自己想要達成什麼目標，擬定可行的策略，按照想要的方向去開拓業務。如此一來表示你完全了解你的業務、你的市場、你的行業，以及你的競爭對手。

你必須了解自己的業務，而不是等上司告訴你哪些顧客流失了。（如果你這麼後知後覺，大概就只能捲鋪蓋走人了。）關於流失的客群，你必須知道時間、地點、原因，並且構思具體可行的應對計畫。

全面掌握你的業務及所在的行業，你會看到這當中的好處，認清誰會影響到成敗、他們在哪裡。隨時注意你所在行業裡的後起之秀，讓你自己可以跟他們打好關係。小心可能會進行的合併或購併，因為一旦兩家公司合併，而兩邊都沒有你的立足之地，那麼前途恐怕就岌岌可危了。

記住，天線隨時都要保持最佳狀態，因為機會從

哪裡來是說不定的，應該隨時準備好令人印象深刻的「電梯講稿」（利用搭乘電梯的時間做重點介紹，內容包括你是誰、你的產品或服務是什麼、你的產品或服務能為買方做什麼），練習用十五秒鐘的時間簡明扼要介紹你的工作。我非常推薦一本電子書：傑弗瑞‧梅耶（Jeffrey Mayer）所著的《出色的電梯講稿可以開啟機會的大門》（Opening Doors with a Brilliant Elevator Speech），書中教你如何準備令人刮目相看的電梯講稿，因為要在很短的時間裡使人對你的工作感到信服，這種機會是無處不在的，可能是雞尾酒會上剛認識的人，飛機上坐在隔壁的乘客，甚至是搭同一部電梯的人，開拓業務是過程，不是目標。

你需要好好對待每個人，因為真的不知道哪天誰會成為你的貴人。準備好你的電梯講稿，因為誰也不知道哪一個場合會變成機會。例如我的理財顧問約翰在去看球賽時，絕對沒有料到會得到我這個新客戶。

誤打誤撞當然也是一種成功，但如果你很清楚你想要什麼，並且努力不懈，有效運用時間經營現有客戶、開發新客戶，成功的機率將大為提升。

我一路從業務員、業務經理、業務顧問走來，經驗使我相信成功的銷售包括三大要素：1.正確的心態；2.進行完善的銷售過程；3.建立良好業務關係的能力。

於此同時，你還必須注重開拓業務。

我所描述的方法之所以不同，並不是在於開拓業務，因為有許多書都已經談過這點，也不是在於銷售過程，因為還有其他種類的銷售過程。不同的是，我強調正確的心態，以及如何建立關係，如果沒有這兩項要素，是不可能做到成功的銷售。

當與潛在客戶會面時，你應該抱持的心態是：我要判斷拿出來的產品或服務是否符合對方想要的東西。增加你在公司、行業、顧客、競爭對手等方面的知識；練習你的用字遣詞，以期在傳達訊息時能夠吸引人；擴大你的業務關係；練習DELTA銷售過程，讓顧客聽見你的聲音，就能了解他們的情況，接著再理性與感性兼具，向他們提出解決之道。最後，用心、定期、講求方法、主動積極經營業務關係。

不要只顧著賣、賣、賣，你要協助顧客買。不要擺出賣方的姿態，你要站在買方的立場思考。就這樣去做，我相信你的業績一定會蒸蒸日上，還有一點非常重要：你會得到更多的樂趣。

致　謝

　　他山之石可以攻錯，寫書就是一個很好的例子。要不是有這麼多人的協助，本書不可能出版。我在這裡一一向各位表達感謝之意，但我知道一定會有不小心遺漏的。

　　首先，必須感謝John Wiley & Sons出版事業的Laurie Harting，她的專業令我印象深刻，與她共事是個非常愉快的經驗，其對本書所抱持的信心，以及孜孜不倦的指導，使得本書終於大功告成。

　　本書的共同作者是沃利・伍德（Wally Wood），我們因為三本書籍的合作經驗而變成好朋友，這本書能夠順利出爐，他功不可沒。沃利的寫作功力無懈可擊，他激發我思考，不斷帶著這支兩人團隊自我挑戰，最後呈現出合作的心血結晶。沃利的妻子Marian在寫作的過程中，也一直扮演著重要的角色，很感謝她的幫忙。Mary Maki也幫了大忙，她整理訪談的內容。

　　家人對我的支持始終沒變，他們不打擾我，讓我可以全心全力投入寫作。在此，感謝妻子Maryann和兒子Ryan Joseph願意做出這樣的犧牲，我該好好報答他們，他們的愛與支持讓我覺得自己微不足道。我還要感謝其他的家人，我的女兒Laura、我的父親Gerald Acuff，還有我的兄弟姐妹（Jan、Jude、Joanne、Tracy），謝謝他們不斷鼓勵支持我。

　　許多人願意花時間大方分享他們的想法和故事，使得本書的內容更為豐富，書中想要傳達的概念也因此而活了起來。對他們——Mike Accardi、Melvin Boaz、Lesley Boyer、Mike Bradley、Sean Feeney、Greg Genova、Shari Kulkis、Jack Martin、Linda Mullen、Henry Potts、Valerie Sokolosky、Tim Wackel、Dan Weilbaker，以及Anthony Yim——我只有說不完的謝謝。

　　我還要深深感謝DELTA POINT的全體員工，我跟夥伴Mike MacLeod很幸運能夠帶領這間公司。Mike是一個具有遠見的人，他的見解使公司更上一層樓，同時也增加了本書的可看性，他就像舞台上增加共鳴的裝置，而他的想法既廣泛又務實，並且講求策略，無論是對我或公司來說，都是無價之寶。另外我要感謝Maryann Ryan、Nancy MacLeod、Michael Michel、

Michelle Gammon，以及Dan McNamara。謝謝你們對公司無私的奉獻，在每日的工作當中構思新點子，協助公司邁向成功。另外，值得一提的是Lori Champion，她協助編輯書稿，將沃利和我的想法發揮到更極致。

最後，也是最重要的，感謝所有的客戶，他們真的都很注重知識、訊息傳達，以及業務組織的關係，志在達成最成功的銷售，選擇與DELTA POINT合作。沒有他們，許多想法都不會浮現。

其中有幾位客戶特別值得在這裡提出來，David Snow和Jesus Leal（他們從一開始就找我）。另外還有Tim Walbert，在DELTA POINT初創時就把我們介紹給他的公司——Abbott。他們的友情和支持無可比擬。

我還要肯定一支跟我們合作緊密的領導團隊——Eric Von Borcke、Dwayne Wright，以及Edward Scheidler。他們都是了不起的領袖人物，謝謝一路以來的支持。

其他，必須感謝的人包括Anne Cobuzzi、Louis Day、Don Dwyer、Adam Foster、Dave Ilconich、Theresa Martinez、Dan Orlando、Dave Tang、Beth Tench、Mike Tilbury（根據我們的印象，他是最先提出「站在買方的角度來思考」的人）、Mike Weber、Ron Wickline，以及Rod Wooten。

另外，客戶也是學習的好榜樣，不提不行：
Paul Alexander、Stan Austin、Ronan Barrett、Mike
Bell、Drew Bernhardt、Michael Betel、Jack Britts、
Jen Campagna、Elaine Campbell、Dave Capriotti、
Charlie Carr、Ciro Carvaggio、Patrick Citchdon、Jim
Elliot、Joe Elliot、Steve Engelhardt、Tammi Gaskins、
Heidi Gautier、Heidi Gearhart、Cathy Geddes、George
Gemayel、Kevin Hamill、George Hampton、Scott
Hicks、Pat Higgins、Doug Houden、Jeff Hyman、Scott
Iteen、Marianne Jackson、Huw Jones、Larry Kich、
Tom Klein、Zahir Ladhani、Denise Levasseur、Debi
Limones、Fred Lord、Matt Mays、Rob McCune、
Jeannie McGuire、Connie McLaughlin-Miley、Deanne
Melloy、Molly Moyle、Jayne Patterson、Al Paulson、
Chris Posner、Chuck Peipher、Nick Recchioni、Carol
Richards、Nick Sarandis、Maire Simington、Big Jim
Smith、Todd N. Smith、Cathy Strizzi、Alex Thole、
Erika Togneri、Debbie Wilson，以及Roy Williams。

這裡所提到的每一個人都明白「賣東西給別人」
不同於「協助別人買東西」。謝謝所有讓我們學到新知
的人，由於你們的貢獻，得以成功的針對買賣之間的關
係發展出一套想法。